발명도면 '덧그리기'로

돈 되는
특허 만들기

남종현 윤상원 왕연중 신재경 공저

추천
영동대학교 발명특허학과
사) 한국과학저술인협회
사) 한국발명교육학회
사) 한국청소년과학기술진흥회
한국발명문화교육연구소

science book
과학사랑

머리글

아이디어 구상을 쉽게 풀어갈 수 있도록
'도면 덧그리기' 원리를 적용해 따라하면
누구나 만족스러운 특허명세서 작성이 가능한 자기주도적 학습 방법!!

"어떻게 하면 아이디어를 잘 낼 수 있을까요."
"어떻게 하면 발명을 잘 할 수 있을까요."
"특허는 어떻게 하면 쉽게 출원할 수 있을까요."

주변에서 항상 질문 받는 내용이다. 많은 사람들이 아이디어에 골몰하다가 발명을 포기하는 경우가 허다하다. 이 같은 현상은 고학년의 학생 및 성인일수록 심하다. 고정관념과 주입식 교육의 결과라 보인다. 그래서 발명은 어려운 '난공불락의 요새' 처럼 생각한다.

발명을 잘하려면 '발명 마인드' 를 갖는 것이 최우선이다. 마인드 없이는 그 어떤 것도 성취할 수 없기 때문이다. 다음으로 내가 원하는 아이디어를 생각해내야 한다. 이때 참신한 아이디어를 구상하려면, 막상 떠오르지 않는 것이 아이디어의 속성이다.

이런 어려움을 극복하기위해 교육현장에서는 다양한 아이디어 발상법을 가르치고 있다. 대표적으로 브레인스토밍, 마인드맵, 스캠퍼, 연꽃기법, 하이라이팅, PMI 기법, 트리즈 등이 있다. 실제 사용하다 보면, 각 기법은 원하는 만큼 좋은 아이디어를 구성하는데 한계점이 있다.

아이디어를 만들고 나면 가장 먼저 종이위에 스케치하면서 구체화 시켜나간다. 도면화 하는 과정이다. 도면화는 절반의 완성인 셈이다. 결국 도면 구성만 잘하면 특허출원 단계로 쉽게 넘어 갈 수 있다.

도면화 다음 단계로 특허출원이 기다리고 있다. 필수 과정이다. 아무리 좋은 아이디어도 권리화하지 않으면 무용지물이기 때문이다. 이 부분도 만만치 않다. 내 아이디어를 스스로 권리화 할 수 있다는 것은 개인적으로 소중한 자산임에 틀림없다.

이에 따라 이 책에서는 누구나 쉽게 아이디어 창출에 많은 도움이 되는 '도면 덧그리기' 원리를 적용하였다. 모두 6단계를 개발하였다. 각 단계별로 살펴보면 다음과 같다.

- 1단계 : 미농지(투명지)를 발명품의 입체도(사시도) 위에 놓고, 정확하게 덧그린다.
- 2단계 : 입체도(사시도)의 점선을 따라, 2회 반복 덧그린다.
- 3단계 : 모눈종이 위에 발명품의 입체도(사시도)를 따라 그리면서, 발명품의 구조 및 위치를 정확히 파악한다.
- 4단계 : 입체도(사시도), 정면도, 측면도, 평면도 등을 다시 자유롭게 그려본다.
- 5단계 : 과거에 특허출원 되었던 유사한 발명특허 도면을 확인한다. 각 특허 도면간의 차이점과 유사점을 점검한다.
- 6단계 : 나만의 새로운 발명 아이디어를 구상하는 단계이다.

마지막으로 블루오션 특허명세서 작성법을 새롭게 소개했다. 따라하면 만족스러운 특허명세서 작성이 가능한 자기 주도적 학습 방법이다.

지식재산권이 대접받는 시대이다. 발명 아이디어와 특허로 무장하지 않고는 생존하기 어렵다는 뜻이다. 이런 측면에서 이 책은 독자들에게 많은 정보를 제공하리라 확신한다.

2013년 정월
저자

차 례

발명특허 도면 스케치

㉛ '발명특허 도면 스케치' 기초이해

당신에게 유익한 아이디어나 정보를 얻거든
그것을 신속하게 광범위하게 이용하라.
-디오도오 루빈-

▣ '발명특허 도면 스케치' 목적

► 발명의 흥미를 유발시킨다.

► 발명 구성의 첫 단추인 아이디어 발상을 쉽게 유도한다.

► 특허의 기본 바탕이 되는 도면 스케치 능력을 배양한다.

▣ '덧그리기' 장점

► 원래 도면을 모방하여 덧그리는 효과가 크다. 발명품의 직접 그리면서 구조를 느낄 수 있으며 도면 그리기 실력도 향상된다.

► 덧그리기를 하면 형태를 파악하는데 좋은 연습이 된다. 특히 발명 특허 도면을 구성하는 데 장점이 많다.

► 손의 미세한 동작을 통한 덧그리기는 머리와 눈과 손을 조화롭게 발달시킨다. 또한 공간표현력과 위치 지각력, 묘사력을 향상시킨다.

► 덧그리기는 집중력과 자신감을 키워주고 손가락의 힘까지도 키워준다. 결국 창의력 향상에 좋은 방법이다.

☞ '발명특허 도면' 개념잡기

> 휘갈겨 쓴 글은 환청과 마찬가지로, 위대한 아이디어의 산실이 될 수 있다.
> 위대한 아이디어는 깨끗한 메모가 아닌 휘갈겨 쓴 지저분한 메모로부터
> 생기는 것이다.
>
> -나카타니 아키히로-

▣ '발명특허 도면' 쉽게 그리는 방법

► 서서 그리도록 한다.

► 큰 구도를 잡는다.

► 큰 모양(인체 예 : 머리, 몸통, 다리 등)을 먼저보고 그린다.

► 그 다음에 작은 것을 잡아 그린다.

► 반복 실습한다.

► 그린 것을 가지고 응용해본다.

▣ '발명특허 도면' 종류

1) **사시도** : 입체도 라고도 하며, 물체의 3면이 보일 수 있도록 나타낸 도면이다.
2) **투상도** : 정면도를 기준으로 필요한 방향에서 본 도면이다.
   - 정면도 : 물체를 앞에서 본 도면
   - 배면도 : 물체를 뒤에서 본 도면
   - 좌측면도 : 물체를 좌측에서 본 도면
   - 우측면도 : 물체를 우측에서 본 도면
   - 평면도 : 물체를 위에서 본 도면
   - 저면도 : 물체를 아래에서 본 도면
3) **단면도** : 필요한 부분을 절단한 것을 가정하여 실선으로 정확하게 표시한 것으로 전
   단면도와 부분단면도가 있다.

෨ '발명특허 아이디어 및 도면스케치' 원리이해

> 한 가지 좋은 아이디어를 얻으려면, 많은 아이디어를 얻어야만 한다.
> -라이너스 폴링-

▣ '발명특허 아이디어 및 도면스케치' 실습 6단계

1) 1단계
► 미농지(투명지)를 발명품의 입체도(사시도)위에 놓고, 정확하게 덧그린다.

2) 2단계
► 발명품의 입체도(사시도)를 확인한다. 입체도(사시도)의 점선을 따라, 2회 반복 덧그린다.

3) 3단계
► 모눈종이위에 발명품의 입체도(사시도)를 따라 그리면서, 발명품의 구조 및 위치를 정확히 파악한다.

4) 4단계
► 전 단계의 도면을 보지 않고, 입체도(사시도), 정면도, 측면도, 평면도 등을 다시 자유롭게 그려본다. 이 단계에서는 발명아이디어의 감각을 익히는데 초점을 둔다.

5) 5단계
► 과거에 특허출원 되었던 유사한 발명특허 도면을 확인한다. 각 특허 도면간의 차이점과 유사점을 점검한다. 특히 입체도(사시도), 단면도, 투상도 등의 형태를 상세하게 보면서, 핵심 아이디어(기술)를 정리정돈 한다.

6) 6단계
► 마지막으로 step5의 컵 홀더 발명특허 유사기술을 활용하여, 나만의 새롭고 돈이 되는 발명 아이디어를 구상하는 단계이다. 도면을 손으로 그려보는 것이 아이디어 발상에 유리하다. 예시된 기존의 발명특허 기술을 참고하면서 새로운 나의 아이디어를 표현해 본다.

☞ '특허명세서' 작성법 Tip

> 학생들이 배워야 할 단 한 가지는 의사소통의 기술이며, 그것은 글쓰기다.
> -워런버핏-

▣ '특허명세서' 잘 쓰는 법

1) 단문으로 쓴다

▶ 문장은 길수록 이해력이 떨어진다. 발명의 내용을 한 문장으로 설명하지 말고 구분해서 간략하게 설명한다. 단문 형태의 이해하기 쉬운 특허명세서가 좋다. 당연히 등록받을 가능성이 크다.

2) 도면은 특허명세서의 어머니와 같은 역할을 한다. 보이는 모습 그대로 설명한다

▶ 특허명세서의 설명은 도면과 함께 풀어가야 이해가 빠르다. 따라서 특허명세서 작성은 보이는 도면 그대로 논리적으로 설명하는 것이 좋다. 도면에 없는 불명료한 표현은 특허등록에 불리하다.

3) 편리하고 쉬운 용어로 표현한다

▶ 기존 특허명세서를 보면 일본식 용어가 많다(예 : 삽설, 절곡). 이해가 어렵다. 누구나 쉽게 이해되는 쉬운 용어를 선택함이 타당하다. 왜냐하면 원래 특허명세서는 그 기술 분야의 통상의 지식을 가진 어떤 사람도 이해할 수 있어야 하기 때문이다.

4) 우수한 특허명세서를 많이 베껴 쓰고, 읽어 본다

▶ 초보자가 특허명세서를 익히는데, 특허법 위주의 접근방법은 한계점이 있다. 용어가 생소하고 어렵기 때문이다. 일단 관심 있는 특허명세서를 반복해서 읽어보고 직접 베껴 쓰기 해보면, 대략적으로 감을 잡을 수 있다. 이어 특허법을 확인해 가면서 특허명세서를 보완하면, 어려움 없이 특허명세서를 쉽게 작성할 수 있다.

MEMO

반복하여 사용할 수 있는

종이컵용 홀더

PART

02

◉ 다방면으로 이용되는 종이컵은 주로 액체의 내용물이 담겨진다.

◉ 뜨거운 차 종류의 음료가 담길 경우 음료의 열기 때문에 사용상 불편하다.

◉ 이와 같은 일회용 종이컵이 갖고 있는 문제점을 해결하기 위해, 반복하여 사용할 수 있는 종이컵용 홀더 발명이 필요하다.

<step 1>
◉ 미농지(투명지)를 컵 홀더의 입체도(사시도)위에 놓고, 정확하게 덧그린다.

Step 1

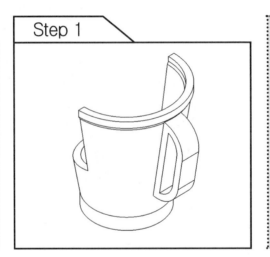

<step 2>
◉ 컵 홀더의 입체도(사시도)를 확인한다.

◉ 입체도(사시도)의 점선을 따라, 2회 반복 덧그린다.

Step 2

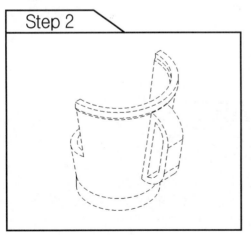

Step 2

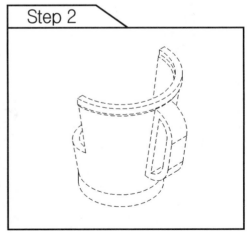

◉ 모눈종이위에 컵 홀더의 입체도(사시도)를 따라 그리면서, 컵 홀더의 구조 및 위치를 정
  확히 파악한다.

사시도

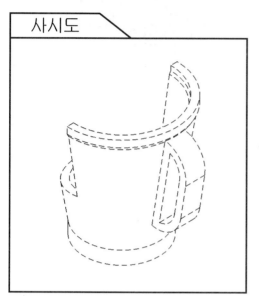

Step3

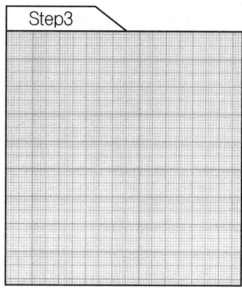

MEMO

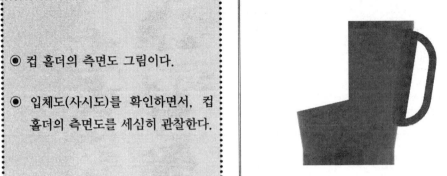

◉ 컵 홀더의 측면도 그림이다.

◉ 입체도(사시도)를 확인하면서, 컵
홀더의 측면도를 세심히 관찰한다.

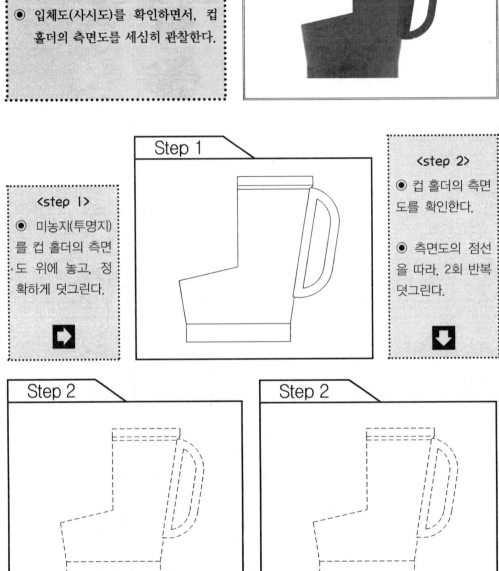

Step 1

<step 1>
◉ 미농지(투명지)
를 컵 홀더의 측면
도 위에 놓고, 정
확하게 덧그린다.

<step 2>
◉ 컵 홀더의 측면
도를 확인한다.

◉ 측면도의 점선
을 따라, 2회 반복
덧그린다.

Step 2

Step 2

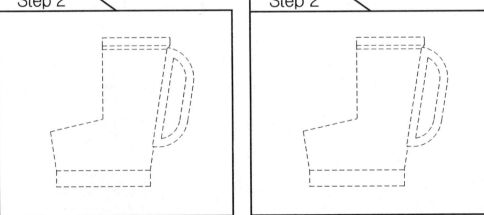

<step 3>

◉ 모눈종이위에 컵 홀더의 측면도를 따라 그리면서, 컵 홀더의 구조 및 위치를 정확히 파
악한다.

측면도

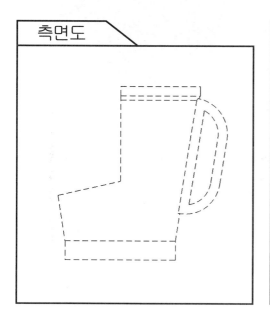

Step3

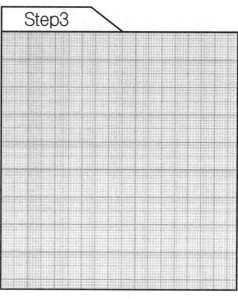

MEMO

◉ 컵 홀더의 평면도 그림이다.

◉ 입체도(사시도)를 확인하면서 컵홀더의 평면도를 세심히 관찰한다.

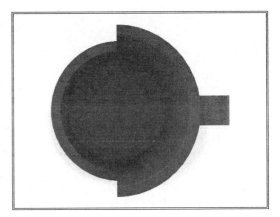

Step 1

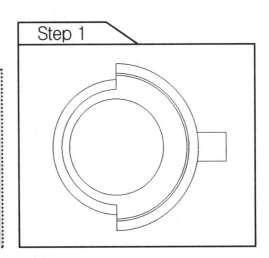

<step 1>

◉ 미농지(투명지)를 컵 홀더의 평면도 위에 놓고, 정확하게 덧그린다.

<step 2>

◉ 컵 홀더의 평면도를 확인한다.

◉ 평면도의 점선을 따라, 2회 반복 덧그린다.

Step 2

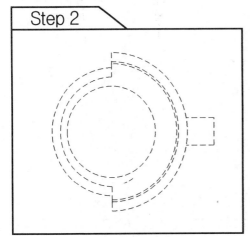

Step 2

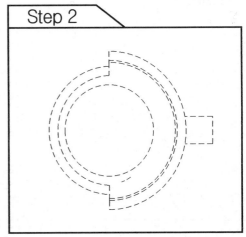

◉ 모눈종이 위에 컵 홀더의 평면도를 따라 그리면서, 컵 홀더의 구조 및 위치를 정확히 파악한다.

평면도

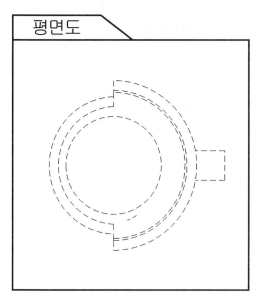

Step3

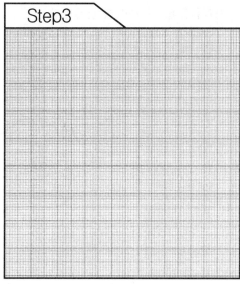

MEMO

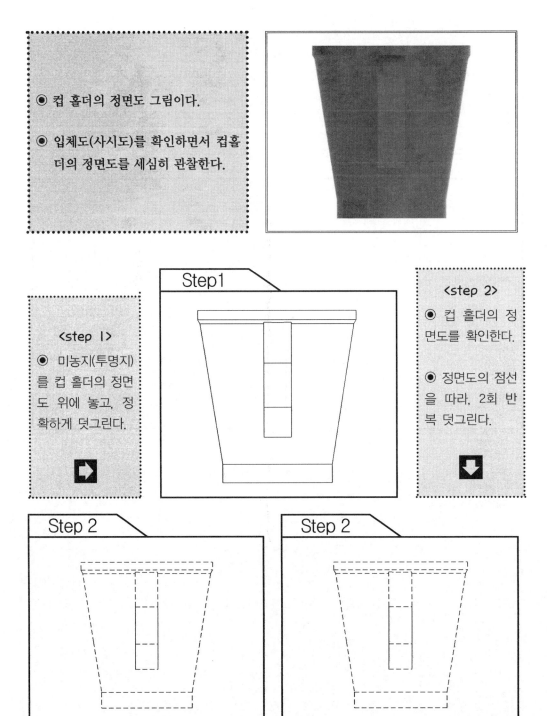

◉ 컵 홀더의 정면도 그림이다.

◉ 입체도(사시도)를 확인하면서 컵홀더의 정면도를 세심히 관찰한다.

Step1

<step 1>

◉ 미농지(투명지)를 컵 홀더의 정면도 위에 놓고, 정확하게 덧그린다.

<step 2>

◉ 컵 홀더의 정면도를 확인한다.

◉ 정면도의 점선을 따라, 2회 반복 덧그린다.

Step 2

Step 2

◉ 모눈종이 위에 컵 홀더의 정면도를 따라 그리면서, 컵 홀더의 구조 및 위치를 정확히 파악한다.

정면도	Step3
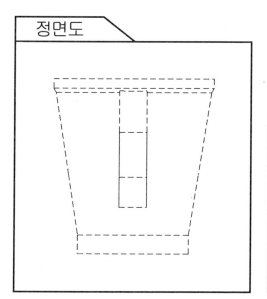	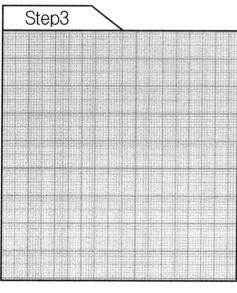

MEMO

<step 4>

◉ 전 단계의 도면을 보지 않고, 입체도(사시도), 정면도, 측면도, 평면도 등을 다시 자유롭게 그려본다.

◉ 이 단계에서는 발명아이디어의 감각을 익히는데 초점을 둔다.

<step 5>

◉ 과거에 특허출원 되었던 유사한 발명특허 도면을 확인한다.

◉ 각 특허 도면간의 차이점과 유사점을 점검한다.

◉ 특히 입체도(사시도), 단면도, 투상도 등의 형태를 상세하게 보면서, 핵심 아이디어(기술)를 정리정돈 한다.

MEMO

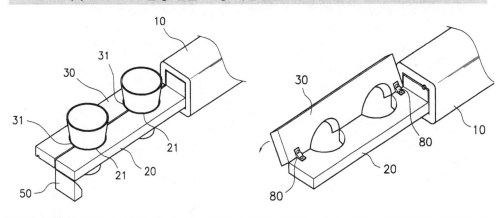

요약

암레스트 수납형 컵홀더 장치에 관한 것으로서 특히, 시트의 암레스트 내측에 수납 가능한 컵홀더 장치를 구비하여, 이용하고자 할 때 암레스트 외측으로 인출하여 컵홀더로서 사용할 수 있도록 하는 것으로,

시트의 암레스트(10)에 수납 가능하도록 형성되며, 일측에 적어도 하나 이상의 반원형의 제 1홀더부(21)가 형성되는 베이스(20)와; 상기 베이스(20)와 측면 모서리가 회동 가능하게 결합되어, 이 베이스(20)에 대하여 접철 가능하도록 설치되며,

상기 제 1홀더부(21)의 대향 위치에 반원형의 제 2홀더부(31)가 형성되어, 펼쳐졌을 때 컵이 수납되는 홀더를 형성하는 상측판(30)과; 상기 베이스(20) 및 상측판(30)을 암레스트(10) 내외측으로 이송을 안내하는 가이드부(40)를 포함하여 구성되어, 차량의 실내 공간을 효율적으로 이용하면서 편의장치를 제공하는 것이다.

☞ 특허전문기술용어 해설

• 암레스트 : 극장·자동차 따위의 좌석에서, 편하게 팔을 올려놓을 수 있는 부분
• 인출 : 끌어서 빼냄
• 일측 : 장치 등의 한 면
• 회동 : 물체가 회전축의 둘레를 일정한 거리를 두고 도는 운동(=회전운동)
• 접철 : 여닫이문을 달 때 한쪽은 문틀에, 다른 한쪽은 문짝에 고정하여 문짝이나 창문을 다는 데 쓰는 철물(=경첩)
• 대향 : 서로 마주 봄
• 이송 : 다른 데로 옮겨 보냄

(2) 다양한 크기의 컵을 수용하기 위한 컵홀더 구조(등록번호 10-0681060)

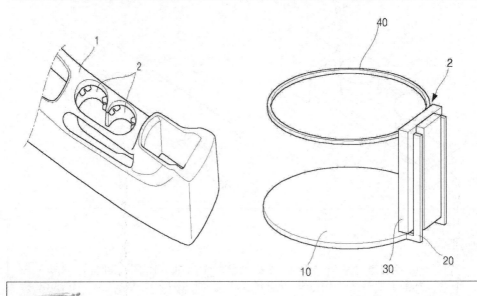

요약

　　본 발명은 차량 내부의 <u>콘솔박스</u>(1)에 형성된 수용부(3)에 다양한 크기의 컵을 수용하기 위한 컵홀더 구조에 관한 것으로, 상기 <u>콘솔박스</u>의 수용부에 <u>안착</u>되어서 컵을 받쳐주며, 컵의 <u>자중</u>에 의해 하향 이동하는 받침대(10); 상기 받침대의 <u>일측</u>에 결합되어서 수직 방향으로 상하 이동가능하게 설치된 연결부재(20);

　　상기 연결부재(20)가 이동가능하게 설치되며, 상부에 관통공(32)을 구비하여서 <u>콘솔박스</u>(1)의 수용부(3)에 결합되는 <u>지지부재</u>(30); 상기 지지부재(30)의 관통공(32)을 통해 연결부재(20)와 결합되어서 컵을 거치해주는 거치대(40); 및 상기 받침대(10)와 <u>콘솔박스</u> 수용부(3) 사이에 설치된 스프링(50);을 포함하여 구성되게 함으로써,

　　하나의 컵홀더를 이용하여 크기가 다른 다양한 컵들을 수용할 수 있어 <u>콘솔박스</u>의 장소 활용성과 편리성이 증대되는 효과를 제공한다.

☞ **특허전문기술용어 해설**
- 콘솔박스 : 운전석과 조수석 사이에 설치된 박스 모양의 수납공간
- 안착 : 어떤 곳에 착실(着實)하게 자리 잡음
- 일측 : 장치 등의 한 면　　　　　　　　　　　　• 자중 : 물건 자체의 무게
- 부재 : 골조를 구성하는 기둥이나 보, 지붕틀 구조 등의 막대 모양의 재료

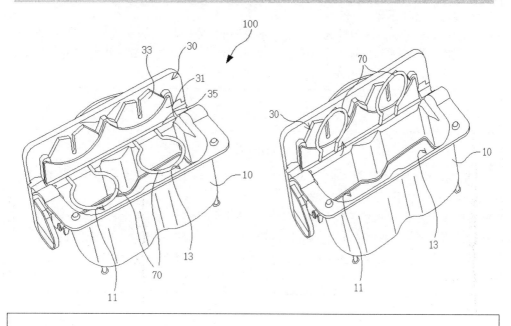

요약

차량용 컵홀더(100)에 관한 것으로, 특히 다양한 종류의 컵을 거치할 수 있는 종래의 차량용 컵홀더에 일회용 종이컵만을 거치할 수 있는 고정부재(70)를 설치함으로써, 다양한 종류의 컵을 거치할 뿐만 아니라 일회용 종이컵의 거치도 용이하게 구현할 수 있도록 한 차량용 컵홀더에 관한 것이다.

본 발명의 차량용 컵홀더는 내부에 다양한 종류의 컵을 수용할 수 있도록 일정크기 이상으로 형성된 컵 수용공간이 마련된 홀더 몸체(10)와, 상기 몸체의 컵 수용공간부(11,13)의 상부에 위치하여 수용된 컵을 지지하며, 몸체의 컵 수용 공간부 일측에 형성된 힌지축(35)을 중심으로 회동하는 상부패드(30)로 이루어지는 차량용 컵홀더에 있어서,

상기 상부패드(30) 상에 일회용 종이컵 거치용 고정부재(70)를 설치하여 상기 상부패드(30)와 동일한 작동으로 일회용 종이컵만을 별도로 거치 할 수 있도록 한 것을 특징으로 한다.

☞ 특허전문기술용어 해설

• 부재 : 골조를 구성하는 기둥이나 보, 지붕틀 구조 등의 막대 모양의 재료

- 상부 : 위쪽 부분
- 일측 : 장치 등의 한 면
- 힌지 : 핀 등을 사용하여 중심축의 주위에서 서로 움직일 수 있는 구조의 접합 부분
- 회동 : 물체가 회전축의 둘레를 일정한 거리를 두고 도는 운동(=회전운동)
- 패드 : 덧대거나, 메워 넣는 것

⟨step 6⟩

◉ 마지막으로 step 5의 컵 홀더 발명특허 유사기술을 활용하여, 나만의 새롭고 돈이 되는 발명 아이디어를 구상하는 단계이다.

◉ 도면을 손으로 그려보는 것이 아이디어 발상에 유리하다.

◉ 예시된 기존의 발명특허 기술을 참고하면서, 새로운 나의 아이디어를 표현해 본다.

   (예 : 자동차도어용 컵홀더, 출원번호 : 10-2005-0075142)

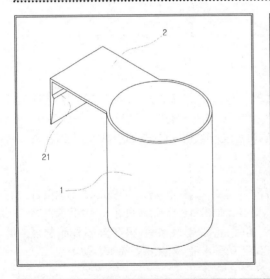

MEMO

☞ '열심히 공부하다' 도전 코너

나는 상상력을 자유롭게 이용하는 데 부족함이 없는 예술가다. 지식보다 중요한 것은 상상력이다. 지식은 한계가 있다. 하지만 상상력은 세상의 모든 것을 끌어안는다.

-알버트 아인슈타인-

▣ 특허의 대상이 되는 발명

▶ 특허법상 특허권의 대상이 되는 발명은 '자연법칙을 이용한 기술적 사상의 창작으로서 고도한 것'을 의미한다. 따라서 자연법칙 그 자체이어서는 안되며, 기술적 사상, 즉 일정한 목적을 달성하는 수단이 합리적으로 구성되어야 한다.

▶ 자연법칙을 이용한 것으로서, 반복가능성 내지 실시가능성을 요한다. 반복가능성 내지 실시가능성은 또한 특허제도의 목적이 요구하는 것이기도 하다. 이상의 요건을 갖춘 발명에는 크게 물건의 발명과 방법의 발명이 있다.

1) 물건의 발명

▶ 발명이 일정한 물, 즉 유체물에 나타나고 있는 것으로서, 기계, 기구, 장치, 시설 등과 같은 제품(물건발명)이나 화학물질, 조성물과 같은 물자체(물질발명)에 관한 발명이다.

2) 방법의 발명

▶ 물건을 생산하는 방법(제조방법 발명)이나 측정방법, 분석방법 등과 같은 직접적으로 물건의 생산을 수반하지 않는 기타의 방법(단순한 방법의 발명)을 말한다.

▶ 일단 특허법상 요구되는 발명으로 인정되었다고 하더라도, 일정한 요건을 갖추어야 특허를 받을 수 있다.

▣ 발명과 고안의 차이

► 실용신안법은 발명이 아닌 고안에 대해 실용신안권이라는 독점배타권을 부여하고 있다. 실용신안법은 '자연법칙을 이용한 기술적 사상의 창작' 인 것으로 정의하고 있으며, 정의상 발명과 고안은 기술적 사상이 고도한가 아닌가의 차이점이 있다.

► 또한 발명은 조성물과 같은 물질을 포함한 물건이나 방법 모두 특허의 대상이 되나, 고안은 '물품의 형상구조 또는 조합에 관한 고안' 만이 실용신안등록을 받을 수 있다.

▣ 지식재산권 정의

► 지식재산권이란 인간의 지적 창작 활동에 의한 결과물에 대한 권리를 말한다. 지식재산권은 무체재산권으로서, 요건 심사에 따른 행정관청에의 등록에 의해 권리가 발생되는 산업재산권(특허권, 실용신안권, 디자인권, 상표권 등)과 등록 여부에 관계없이 창작에 의해 권리가 발생되는 저작권으로 분류된다.

► 최근에는, 이러한 전통적 분류 방식에 의한 지식재산권이외에도, 반도체 집적 회로 배치설계, 컴퓨터 프로그램, BM(Business Method)특허 등 새로운 분야의 지식재산권의 출현으로 인하여, 지식재산권 영역 확대와 함께 신지식재산권으로 분류되고 있다.

다양한 기능을 제공하는

가 위

PART

03

● 가위는 일반 사무용 가위, 이· 미 용 가위, 수술 가위, 과일 수확용 가위, 음식용 가위 등 여러 가지로 구분된다.

● 가위의 위험요소를 줄이고, 동시에 다양한 기능을 제공하는 가위 발명 이 필요하다.

<step 1>
● 미농지(투명지) 를 가위의 입체도 (사시도)위에 놓고, 정확하게 덧그린다.

<step 2>
● 가위의 입체도 (사시도)를 확인한다.
● 입체도(사시도) 의 점선을 따라, 2 회 반복 덧그린다.

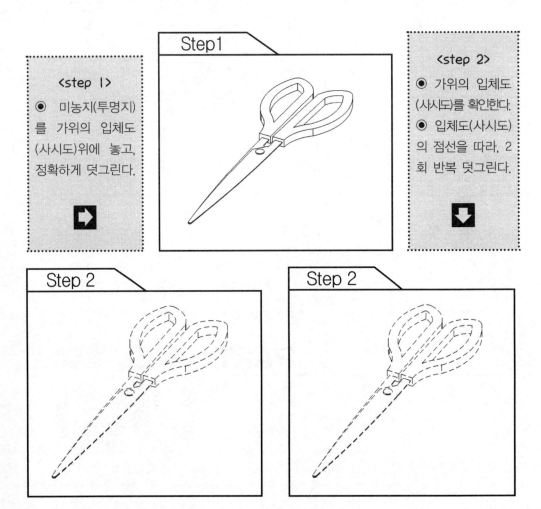

Step1

Step 2

Step 2

◉ 모눈종이 위에 가위의 입체도(사시도)를 따라 그리면서, 가위의 구조 및 위치를 정확히 파악한다.

사시도

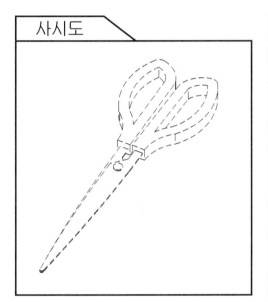

Step3

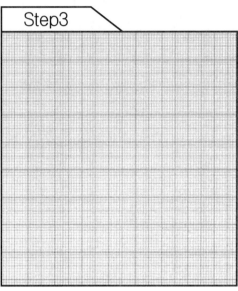

MEMO

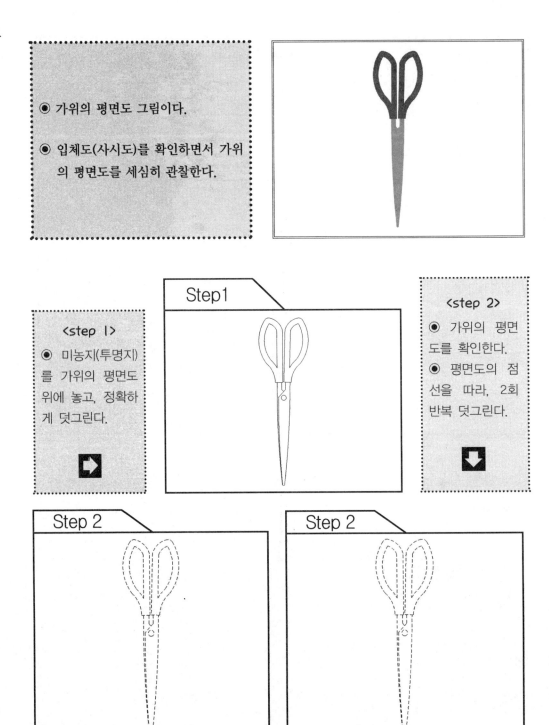

◉ 가위의 평면도 그림이다.

◉ 입체도(사시도)를 확인하면서 가위의 평면도를 세심히 관찰한다.

Step1

<step 1>
◉ 미농지(투명지)를 가위의 평면도 위에 놓고, 정확하게 덧그린다.

<step 2>
◉ 가위의 평면도를 확인한다.
◉ 평면도의 점선을 따라, 2회 반복 덧그린다.

Step 2

Step 2

◉ 모눈종이위에 가위의 평면도를 따라 그리면서, 가위의 구조 및 위치를 정확히 파악한다.

측면도

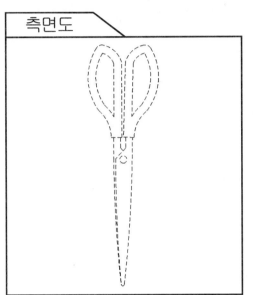

Step 3

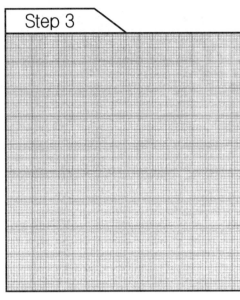

MEMO

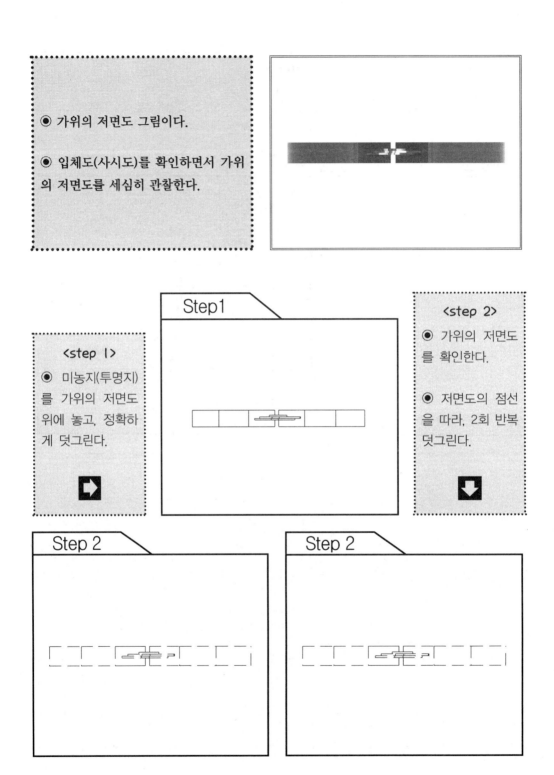

◉ 가위의 저면도 그림이다.

◉ 입체도(사시도)를 확인하면서 가위의 저면도를 세심히 관찰한다.

Step1

<step 1>
◉ 미농지(투명지)를 가위의 저면도 위에 놓고, 정확하게 덧그린다.

<step 2>
◉ 가위의 저면도를 확인한다.

◉ 저면도의 점선을 따라, 2회 반복 덧그린다.

Step 2

Step 2

◉ 모눈종이위에 가위의 저면도를 따라 그리면서, 가위의 구조 및 위치를 정확히 파악한다.

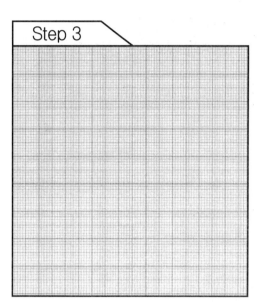

| 저면도 | Step 3 |

MEMO

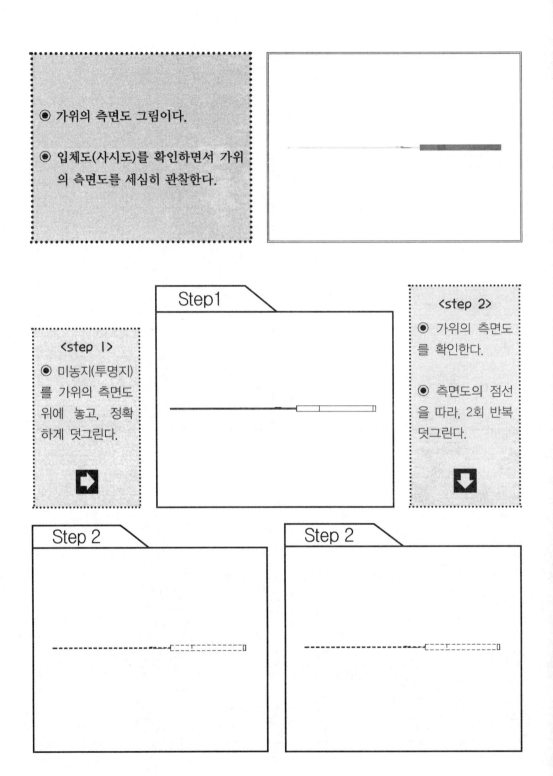

◉ 가위의 측면도 그림이다.

◉ 입체도(사시도)를 확인하면서 가위
의 측면도를 세심히 관찰한다.

Step1

<step 1>
◉ 미농지(투명지)
를 가위의 측면도
위에 놓고, 정확
하게 덧그린다.

<step 2>
◉ 가위의 측면도
를 확인한다.

◉ 측면도의 점선
을 따라, 2회 반복
덧그린다.

Step 2

Step 2

◉ 모눈종이 위에 가위의 측면도를 따라 그리면서, 가위의 구조 및 위치를 정확히 파악한다.

측면도

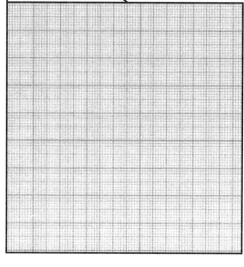

Step 3

MEMO

◉ 전 단계의 도면을 보지 않고, 입체도(사시도), 저면도, 측면도, 평면도 등을 다시 자유롭게 그려본다.

◉ 이 단계에서는 발명아이디어의 감각을 익히는데 초점을 둔다.

<step 5>

◉ 과거에 특허출원 되었던 유사한 발명특허 도면을 확인한다.

◉ 각 특허 도면간의 차이점과 유사점을 점검한다.

◉ 특히 입체도(사시도), 단면도, 투상도 등의 형태를 상세하게 보면서, 핵심 아이디어(기술)를 정리정돈 한다.

MEMO

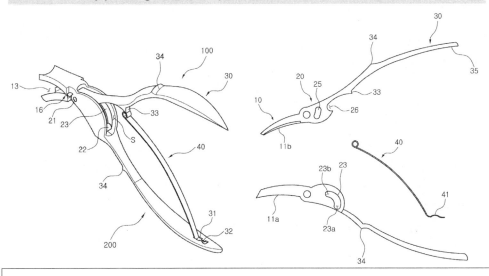

요약

　　본 발명은 손톱이나 발톱을 깎는데 사용되는 손톱깎이에 관한 것으로, 더욱 상세하게는 하나의 축을 중심으로 회동하고 사용자가 파지하기 쉽도록 파지부(30)가 구비한 가위형 손톱깎이에 관한 것이다.

　　이를 위해 본 발명은 하나의 축을 중심으로 회동하고 상부 및 하부에 2개 1조로 구성되도 각각 절단부(11a,11b)을 구비한 상부부재(100) 및 하부부재(200)로 이루어진 가위형 손톱깎이에 있어서, 상기 상부부재(100) 및 하부부재(200)는 각각 제1 및 제2만곡부가 형성된 절단부(10)와,

　　어느 일측에 관통홈이 형성되고 타측이 상기 관통홈에 삽입되어 힌지축(21)에 의해 결합된 회동부(20)와, 상기 회동부(20)의 후방에 위치하며 일측에 탄성부재(40)가 고정 결합되고, 타측에 상기 탄성부재(40) 지지부가 형성되어 이루어진다.

☞ 특허전문기술용어 해설

- 회동 : 물체가 회전축의 둘레를 일정한 거리를 두고 도는 운동(=회전운동)
- 파지 : 손으로 쥠
- 만곡 : 활 모양으로 굽음
- 일측 : 장치 등의 한 면
- 힌지 : 핀 등을 사용하여 중심축의 주위에서 서로 움직일 수 있는 구조의 접합 부분

(2)가이드가 마련된 가위 (출원번호 10-2007-0015942)

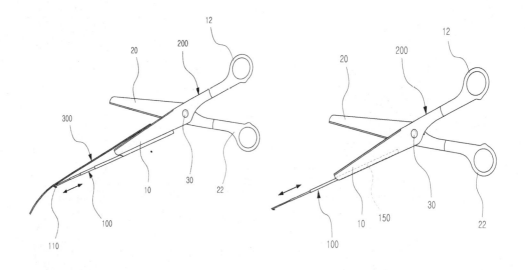

요약

　본 발명은 가이드(100)가 마련된 가위(200)에 관한 것으로, 특히 가위(200)의 하부에 길이방향으로 <u>가변</u>되는 가이드(100)를 고정하여 비교적 큰 종이나 직물류를 자를 시에 공작물(300)이 하부로 쳐지는 것을 방지함으로써, 공작물(300)을 곧고 바르게 자를 수 있도록 한 가이드(100)가 마련된 가위(200)의 제공을 목적으로 한다.

　상기한 목적을 갖는 본 발명의 가이드(100)가 마련된 가위(200)는, 각각 손잡이(12,22)가 마련된 제1가윗날(10) 및 제2가윗날(20)이 <u>회동</u>가능하게 <u>축공</u>(30)을 중심으로 고정된 가위(200)에 있어서, 상기 제1가윗날(10)의 하부에는 길이방향으로 가변되는 가이드(100)가 고정되어 이루어진 것을 특징으로 한다.

　상기한 구성을 갖는 본 발명의 가이드(100)가 마련된 가위(200)는, 비교적 큰 종이나 직물류를 자를 시에 상기 가이드(100)가 공작물(300)이 하부로 쳐지는 것을 지지함으로써, 공작물(300)을 곧고 바르게 자를 수 있는 효과가 있다.

☞ 특허전문기술용어 해설

- 가변 : 사물의 모양이나 성질이 바뀌거나 달라질 수 있음
- 회동 : 물체가 회전축의 둘레를 일정한 거리를 두고 도는 운동(=회전운동)

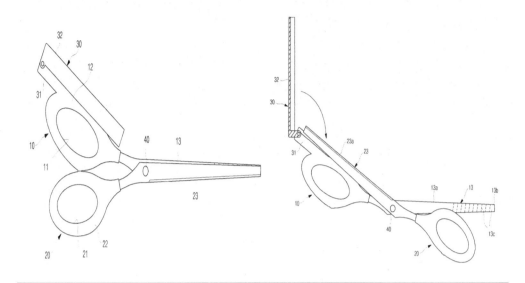

요약

　회동축(40)을 기준으로 일단부에 손으로 파지하기 위한 파지부(11,21)와, 반대측에 가위날과 칼날로 사용 가능한 날부(13,23)가 마련된 작동부(12,22)를 가지는 제1부재(10)와; 제1부재(10)와 회동축(40)을 중심으로 상호 소정 각도 회전 가능하며,

　파지부(11,21)와, 가위날로 사용 가능한 작동부(12,22)를 가지는 제2부재(20)와; 제1부재(10)의 파지부(11,21)로부터 연결되며, 제2부재(20)의 작동부(12,22)가 파지부(11,21)와 대응되는 위치로 회동시, 제2부재(20)의 가위날을 덮기 위한 안전커버(30);를 포함하는 것을 특징으로 하는 다목적 가위가 개시된다.

☞ 특허전문기술용어 해설

- 파지 : 손으로 쥠
- 소정 : 정해진 바
- 회동 : 물체가 회전축의 둘레를 일정한 거리를 두고 도는 운동(=회전운동)

<step 6>

◉ 마지막으로 step 5의 가위 발명특허 유사기술을 활용하여, 나만의 새롭고 돈이 되는 발명 아이디어를 구상하는 단계이다.

◉ 도면을 손으로 그려보는 것이 아이디어 발상에 유리하다.

◉ 예시된 기존의 발명특허 기술을 참고하면서 새로운 나의 아이디어를 표현해 본다.
(예 : 바구니 가위, 출원번호 : 10-2009-0026687)

♋ '열심히 공부하다' 도전 코너

> 한 나라의 진정한 부의 원천은 그 나라 국민들의 창의력, 상상력에 있다.
> ㅡ아담스미스ㅡ

◾ 산업재산권 정의

▶ 산업재산권에는 특허, 실용신안, 디자인 및 상표등록이 있으며, 이는 일정한 기술적 창작을 한 자가 이를 공개하는 대신 국가가 공권력으로 이들 발명 또는 고안자에게 일정 기간동안 기술적 재산권으로서 독점적인 권리를 누리도록 하는 제도이다.

▶ 특허권 등 산업재산권을 설정해 줄 때는 그 내용은 출원공고 등을 통하여 일반에게 공개하도록 하며, 일정한 권리존속기간이 지나면 사회일반에 개방하여 누구나 이용할 수 있도록 하고 있다.

◾ 특허제도의 목적

1) 정 의

▶ 특허제도는 '발명을 보호 장려하고 그 이용을 도모함으로써 기술의 발전을 촉진하여 산업발전에 이바지함을 목적'으로 한다.

▶ 즉, 특허제도는 발명자에게는 특허권이라는 독점 배타적인 재산권을 부여하여 보호하는 한편 그 발명을 공개하게 함으로써 그 발명의 이용을 통하여 산업발전에 기여하고자 한다.

▶ 이런 점에서 특허제도를 신기술보호제도, 발명장려제도, 또는 사적독점보장제도라고 부르기도 한다.

2) 특허의 요건

▶ 모든 발명이 다 특허의 대상이 되는 것은 아니며, 발명이 특허를 받을 수 있기 위해서는 아래에서 요구하는 몇 가지의 요건을 충족하여야 한다.

▶ 일반적으로 특허요건은 「주체적요건」, 「객체적요건」 및 「절차적요건」으로 구분된다.

(1) 주체적요건
- 권리능력이 있을 것(자연인 또는 법인)
- 정당한 권리자일 것(발명자 또는 그 승계인)

(2) 객체적요건
- 산업상 이용가능성, 신규성, 진보성

(3) 절차적요건
- 특허출원절차가 방식에 적합할 것
- 특허출원 명세서의 기재가 법규에 적합할 것
- '1' 특허출원의 범위에 요건을 충족할 것 등

▣ 특허를 받을 수 없는 발명

▶ '특허를 받을 수 없는 발명'이란 등록요건이 충족되어도 특허 받을 수 없는 경우를 말한다. 즉, 공공의 질서, 선량한 풍속을 문란하게 할 염려가 있는 발명으로서, 필로폰을 제조하는 방법이나 공중의 위생을 해할 염려가 있는 발명 등은 특허를 받을 수 없다.

▶ 발명의 성립이 문제되는 발명으로 수학공식, 자연법칙 자체, 경제법칙, 암호, 컴퓨터프로그램 자체, 영구기관 등을 예로 들 수 있다.

안전사고 예방 및 편리한

기능성 국자

PART

04

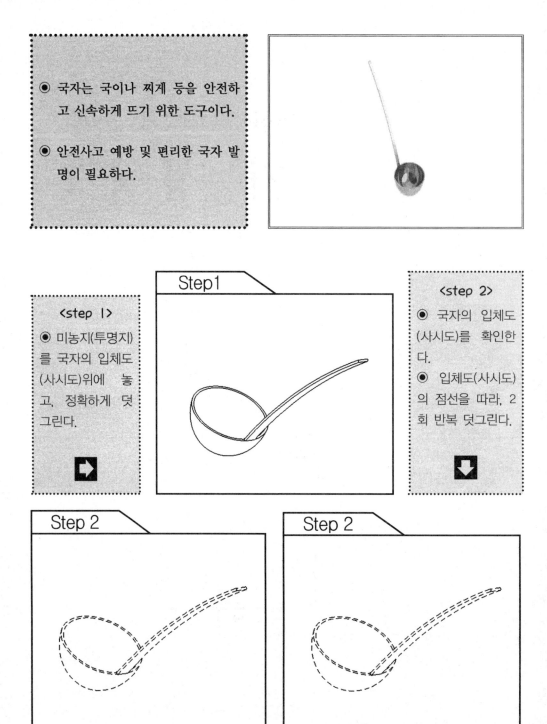

◉ 국자는 국이나 찌개 등을 안전하고 신속하게 뜨기 위한 도구이다.

◉ 안전사고 예방 및 편리한 국자 발명이 필요하다.

<step 1>
◉ 미농지(투명지)를 국자의 입체도(사시도)위에 놓고, 정확하게 덧그린다.

Step1

<step 2>
◉ 국자의 입체도(사시도)를 확인한다.
◉ 입체도(사시도)의 점선을 따라, 2회 반복 덧그린다.

Step 2

Step 2

◉ 모눈종이위에 국자의 입체도(사시도)를 따라 그리면서, 국자의 구조 및 위치를 정확히 파악한다.

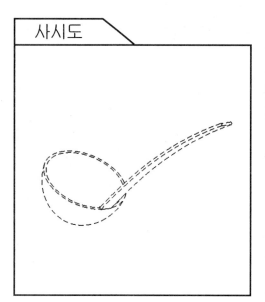

사시도

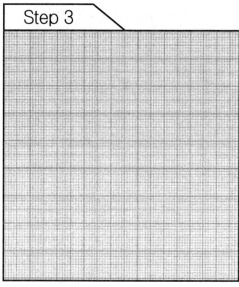

Step 3

MEMO

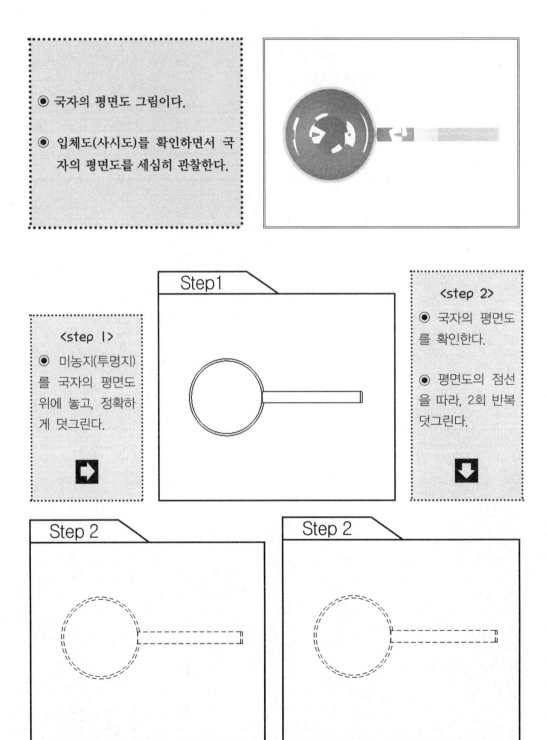

◉ 국자의 평면도 그림이다.

◉ 입체도(사시도)를 확인하면서 국
　자의 평면도를 세심히 관찰한다.

Step1

<step 1>
◉ 미농지(투명지)
를 국자의 평면도
위에 놓고, 정확하
게 덧그린다.

<step 2>
◉ 국자의 평면도
를 확인한다.

◉ 평면도의 점선
을 따라, 2회 반복
덧그린다.

Step 2

Step 2

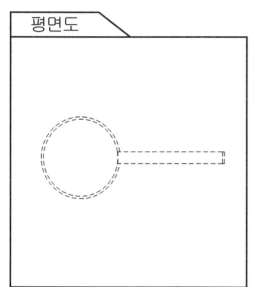

평면도

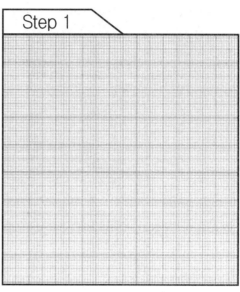

Step 1

MEMO

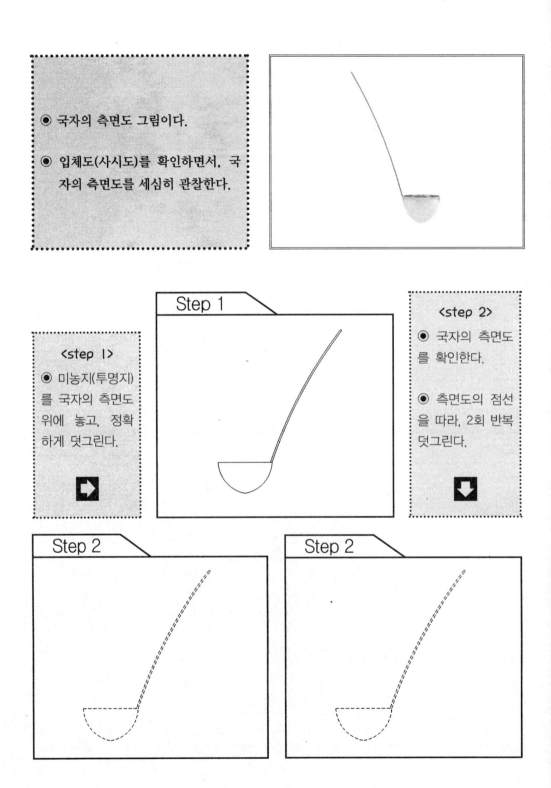

◉ 국자의 측면도 그림이다.

◉ 입체도(사시도)를 확인하면서, 국자의 측면도를 세심히 관찰한다.

Step 1

<step 1>
◉ 미농지(투명지)를 국자의 측면도 위에 놓고, 정확하게 덧그린다.

<step 2>
◉ 국자의 측면도를 확인한다.

◉ 측면도의 점선을 따라, 2회 반복 덧그린다.

Step 2

Step 2

◉ 모눈종이위에 국자의 측면도를 따라 그리면서, 국자의 구조 및 위치를 정확히 파악한다.

측면도

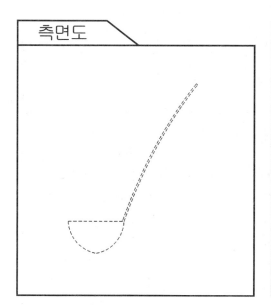

Step 3

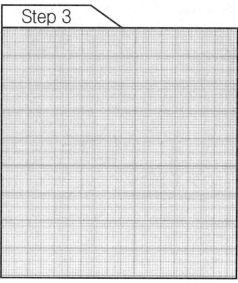

MEMO

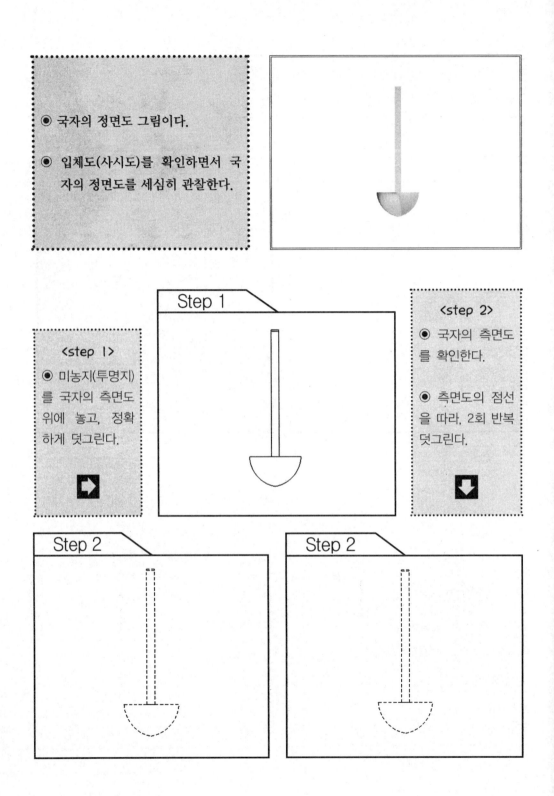

◉ 국자의 정면도 그림이다.

◉ 입체도(사시도)를 확인하면서 국자의 정면도를 세심히 관찰한다.

Step 1

<step 1>
◉ 미농지(투명지)를 국자의 측면도 위에 놓고, 정확하게 덧그린다.

<step 2>
◉ 국자의 측면도를 확인한다.

◉ 측면도의 점선을 따라, 2회 반복 덧그린다.

Step 2

Step 2

◉ 모눈종이위에 컵 홀더의 정면도를 따라 그리면서, 컵 홀더의 구조 및 위치를 정확히 파악한다.

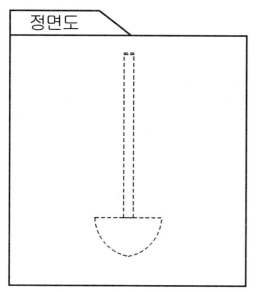

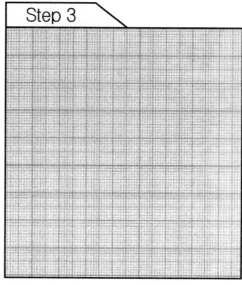

MEMO

◉ 전 단계의 도면을 보지 않고, 입체도(사시도), 정면도, 측면도, 평면도 등을 다시 자유롭게 그려본다.

◉ 이 단계에서는 발명아이디어의 감각을 익히는데 초점을 둔다.

<step 5>

◉ 과거에 특허출원 되었던 유사한 발명특허 도면을 확인한다.

◉ 각 특허 도면간의 차이점과 유사점을 점검한다.

◉ 특히 입체도(사시도), 단면도, 투상도 등의 형태를 상세하게 보면서, 핵심 아이디어(기술)를 정리정돈 한다.

MEMO

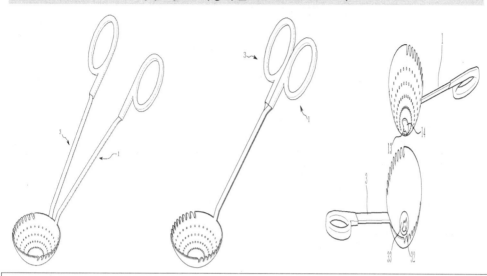

요약

본 발명은 국과 건더기 및 면을 건질 수 있는 국자에 관한 것으로서, 반구형상으로 마련된 상부용기(10)와, 상기 상부용기(10)의 단부로부터 함몰 형성되어 면을 걸 수 있는 다수의 제1면걸이부(11)와, 상기 상부용기(10)와 결합된 상부 손잡이(20)로 구성된 상부국자(1)와;

상기 상부용기(10)의 하면과 맞닿고 상기 상부용기(10)의 하면중앙을 중심으로 상기 상부용기(10)와 회동가능하게 결합되는 반구형상의 하부용기(30)와, 상기 하부용기(30)의 단부로부터 함몰 형성되어 면을 걸 수 있는 다수의 제2면걸이부(31)와, 상기 하부용기(30)와 결합된 하부손잡이(40)로 구성된 하부국자(3)를 포함하며;

상기 상부용기(10)와 상기 하부용기(30)가 회동됨에 따라 제1면걸이부(11)과 제2면걸이부(31)가 교차되며, 제1면걸이부(11)과 제2면걸이부(31)가 교차됨에 따라 상기 상부용기(10)에 수용된 면을 절단 시킬 수 있는 것을 특징으로 한다. 이에 의하여, 국자를 이용하여 면을 포함된 음식을 건질 때, 면이 국자에 걸릴 경우 면을 용이하게 절단하여 면을 용이하게 담을 수 있는 국자가 제공된다.

☞ 특허전문기술용어 해설

- 단부 : 끊어지거나 잘라진 부분
- 회동 : 물체가 회전축의 둘레를 일정한 거리를 두고 도는 운동(=회전운동)

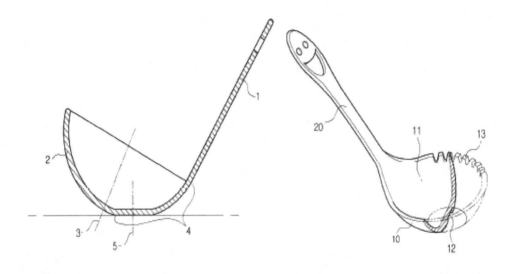

요약

　　본 고안은 오뚜기형 국자에 관한 것으로, 그 목적은 조리물이 담겨지는 수용부(10)의 개방면(11)이 상측에 위치되도록 하는 오뚜기형 국자를 제공함에 있다.

　　이는 상부에 개방면(11)이 형성되고, 내부에 국물이 담겨지는 반구형의 수용부(10)와, 상기수용부의 어느 일측에 상부로 길게 연장된 손잡이부(20)로 이루어진 국자에 있어서,

　　상기 수용부의 단면 두께를 상단부에서 하단부로 갈수록 두껍게 함과 아울러 상기 수용부의 밑면 두께와 상기 하단부의 두께가 동일하도록 하여 상기 수용부의 개방면(11)이 상측에 위치하도록 하는 것이다.

☞ 특허전문기술용어 해설

• 일측 : 장치 등의 한 면

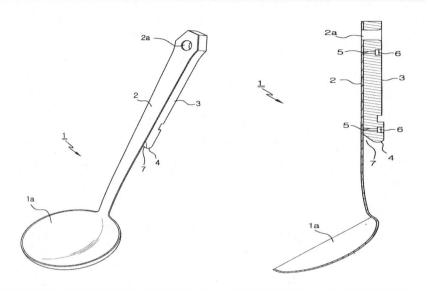

요약

　　본 고안은 스테인리스 재질로 된 국자에 관한 새로운 고안으로서, 본 고안의 특징은 국자 손잡이 측에 <u>열경화성수지</u>로 된 손잡이를 이중으로 포개어 지도록 부착하여 국자를 사용 시 열전도에 의한 <u>파지(把持)</u>상의 불편을 해소하고 견고성을 더욱 높이며, <u>외관미</u>를 크게 향상시키도록 한 것이다.

　　즉, 본 고안은 스테인리스제 국자의 본래 재질구성에 손잡이 부분을 <u>열경화성수지</u>로서 상하 적층식 결합구조로 개선하여 국자 손잡이 부분의 내구성과 외관 장식성 및 생산공정의 능률성을 함께 도모하기 위하여 <u>안출</u>한 것으로,

　　자루부(2)의 하측에 용기부(1a)가 형성되고 상측에 걸이공(2a)을 <u>천공</u>한 통상의 국자(1)에 있어서, 자루부(2)의 후방에 돌출턱(4)을 하부로 형성한 <u>열경화성수지</u>로 된 손잡이(3)를 상하 이중으로 포갠 상태로 <u>리벳(rivet)</u>에 의해 일체로 결합 구성함에 요지가 있다.

☞ 특허전문기술용어 해설

- 열경화성수지 : 열을 가하여 단단하게 굳어진 다음에는 다시 열을 가하여도 물러지지 않는 수지. 페놀 수지, 요소 수지, 멜라민 수지 따위

- 파지 : 손으로 쥠
- 외관미 : 겉으로 드러난 모양이 아름다움
- 안출 : 생각해 냄
- 천공 : 구멍을 뚫음
- 리벳 : 대가리가 둥글고 두툼한 버섯 모양의 굵은 못

\<step 6>

◉ 마지막으로 step 5의 국자 발명특허 유사기술을 활용하여, 나만의 새롭고 돈이 되는 발명 아이디어를 구상하는 단계이다.

◉ 도면을 손으로 그려보는 것이 아이디어 발상에 유리하다.

◉ 예시된 기존의 발명특허 기술을 참고하면서, 새로운 나의 아이디어를 표현해 본다.

(예 : 국자, 등록번호 : 20-0425397)

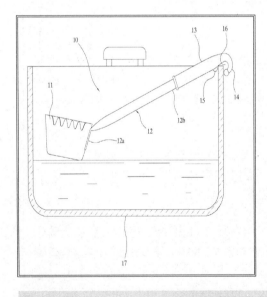

MEMO

೧ '**열**심히 **공**부하다' 도전 코너

위대한 사람은 단번에 그와 같이 높은 곳에 뛰어오른 것이 아니다. 많은 사람들이 밤에 단잠을 잘 적에 그는 일어나서 피로움을 이기고 일에 몰두했던 것이다. 인생은 자고 쉬는데 있는 것이 아니라, 한 걸음 한 걸음 걸어가는 그 속에 있다. 성공의 일순간은 실패했던 몇 년을 보상해 준다.

-로버트 브라우닝-

▣ 특허의 3요소

1) 산업상 이용 가능성

► 산업상 이용가능성이란, 출원발명이 그 발명과 관계있는 산업분야에 당장 이용되지는 않는다 하더라도 장래 이용할 가능성이 있는 것을 의미한다.

► 이러한 산업상 이용가능성은 특허법이 명문으로 규정한 특허요건 중의 하나로서, 신규성 및 진보성 여부 판단의 전제가 된다.

 (1) 산업의 이용가능
  • 아주 넓은 개념의 산업 의미
 (2) 산업상 이용가능성이 없는 발명
  • 인간을 대상으로 하는 치료방법
  • 실현 불가능한 발명

2) 신규성

► 발명의 신규성이란, 출원발명의 내용이 특허출원 전에 국내에서 •공지, 공용 또는 국내외에서 간행물에 기재된 발명과 비교하여 객관적으로 새로운 것을 의미한다.

 (1) 발명은 새로운 것이어야 한다.
  • 국내 · 외 공지, 공용되는 기술과 동일발명 불가

- 국내·외에서 반포된 간행물에 게재 또는 시행령이 정하는 전기 통신회선(인터넷)을 통해 공중이용 가능하게 된 것은 불가

3) 진보성

► 발명의 진보성이란, 그 발명이 속하는 기술 분야에서 통상의 지식을 가진 자(기술전문가 중에서 평균적 수준에 있는 자)가 특허출원시의 공지발명으로부터 용이하게 발명할 수 없는 정도의 창작의 난이도를 갖춘 발명을 말한다.

► 발명의 진보성을 특허요건의 하나로 인정한 취지는, 창작 정도가 낮은 발명을 배제하고, 자연 진보 이상의 발명만을 보호함으로써 산업발전에 기여하며, 심사 통일성을 확보하는 기준을 제시하기 위함이다.

(1) 일반적 방법
- 목적의 특이성, 구성의 곤란성, 효과의 현저성을 종합하여 판단
- 구성 중심설 : 기계 등의 분야
- 효과 중심설 : 화학 등의 분야

(2) 참고적 방법
- 상업적 성공(판매기술, 광고기술 등에 의한 것이 아닐 것)

오작동을 방지할 수 있는

기능성 멀티탭(콘센트)

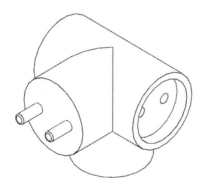

PART 05

◉ 멀티탭(또는 콘센트)은 전자제품의 플러그가 삽입되는 구멍을 다수개로 만들어, 복수개의 전자제품을 동시에 사용하기 위해 이용된다.

◉ 먼지와 같은 이물질이 침투되거나, 실수로 인해 물기가 침투될 경우 멀티탭(또는 콘센트)의 오작동이 유발되는 문제점을 극복하는 멀티탭(또는 콘센트) 발명이 필요하다.

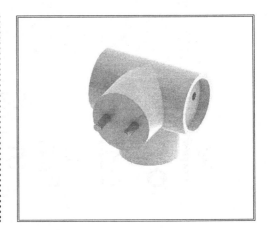

<step 1>

◉ 미농지(투명지)를 멀티콘센트의 입체도(사시도)위에 놓고, 정확하게 덧그린다.

Step 1

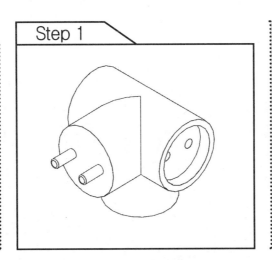

<step 2>

◉ 멀티콘센트의 입체도(사시도)를 확인한다.

◉ 입체도(사시도)의 점선을 따라, 2회 반복 덧그린다.

Step 2

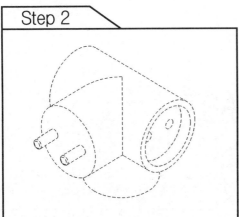

Step 2

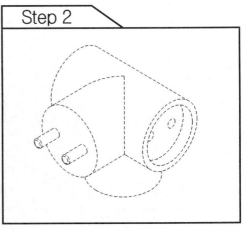

◉ 모눈종이 위에 멀티콘센트의 입체도(사시도)를 따라 그리면서, 멀티콘센트의 구조 및 위치를 정확히 파악한다.

사시도

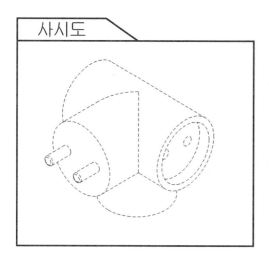

Step 3

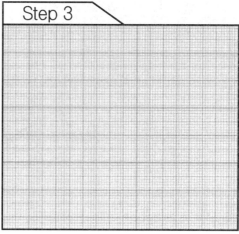

MEMO

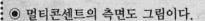

◉ 멀티콘센트의 측면도 그림이다.

◉ 입체도(사시도)를 확인하면서, 멀티콘센트의 측면도를 세심히 관찰한다.

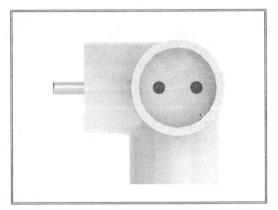

Step 1

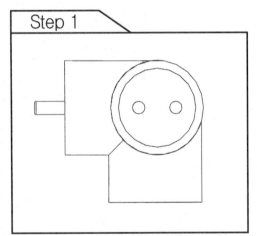

<step 1>

◉ 미농지(투명지)를 멀티콘센트의 측면도 위에 놓고, 정확하게 덧그린다.

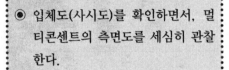

<step 2>

◉ 멀티콘센트의 측면도를 확인한다.

◉ 측면도의 점선을 따라, 2회 반복 덧그린다.

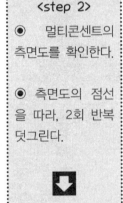

Step2

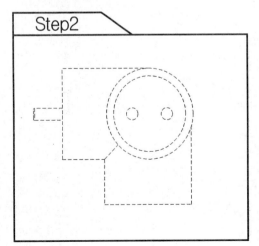

Step2

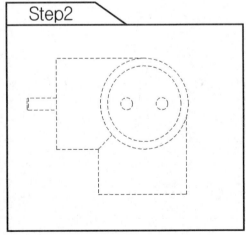

◉ 모눈종이위에 멀티콘센트의 측면도를 따라 그리면서, 멀티콘센트의 구조 및 위치를 정확히 파악한다.

측면도

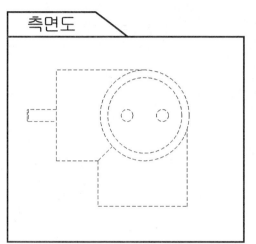

Step3

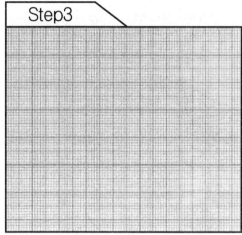

MEMO

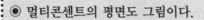 멀티콘센트의 평면도 그림이다.

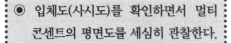 입체도(사시도)를 확인하면서 멀티
콘센트의 평면도를 세심히 관찰한다.

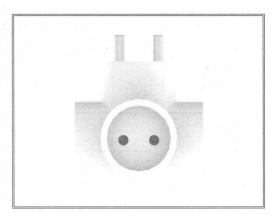

Step 1

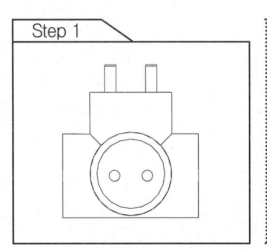

\<step 1\>

◉ 미농지(투명지)
를 멀티콘센트의
평면도 위에 놓고,
정확하게 덧그린
다.

\<step 2\>

◉ 멀티콘센트의
평면도를 확인한다.

◉ 평면도의 점선
을 따라, 2회 반복
덧그린다.

Step 2

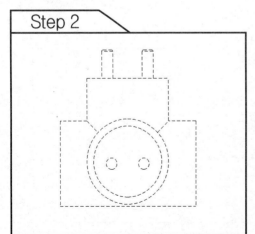

Step 2

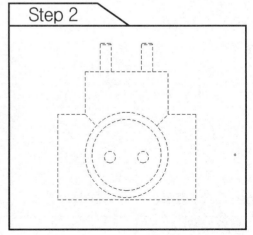

◉ 모눈종이위에 멀티콘센트의 평면도를 따라 그리면서, 멀티콘센트의 구조 및 위치를 정확히 파악한다.

평면도

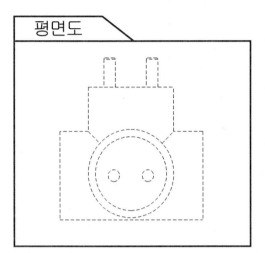

Step 3

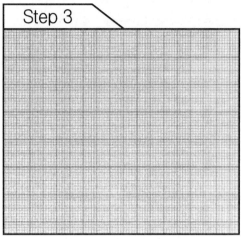

MEMO

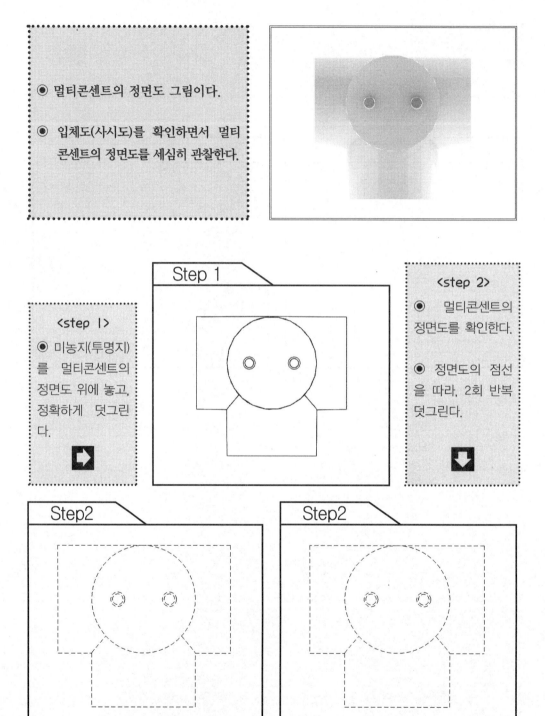

◉ 멀티콘센트의 정면도 그림이다.

◉ 입체도(사시도)를 확인하면서 멀티
콘센트의 정면도를 세심히 관찰한다.

Step 1

Step2

Step2

<step 1>

◉ 미농지(투명지)
를 멀티콘센트의
정면도 위에 놓고,
정확하게 덧그린
다.

<step 2>

◉ 멀티콘센트의
정면도를 확인한다.

◉ 정면도의 점선
을 따라, 2회 반복
덧그린다.

◉ 모눈종이위에 멀티콘센트의 정면도를 따라 그리면서, 멀티콘센트의 구조 및 위치를 정확히 파악한다.

정면도

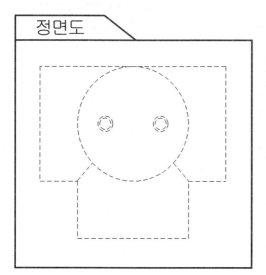

Step 3

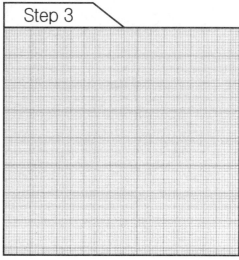

MEMO

◉ 전 단계의 도면을 보지 않고, 입체도(사시도), 정면도, 측면도, 평면도 등을 다시 자유롭게 그려본다.

◉ 이 단계에서는 발명아이디어의 감각을 익히는데 초점을 둔다.

<step 5>

◉ 과거에 특허출원 되었던 유사한 발명특허 도면을 확인한다.

◉ 각 특허 도면간의 차이점과 유사점을 점검한다.

◉ 특히 입체도(사시도), 단면도, 투상도 등의 형태를 상세하게 보면서, 핵심 아이디어(기술)를 정리정돈 한다.

MEMO

(1) 멀티탭 (등록번호 10-0820115)

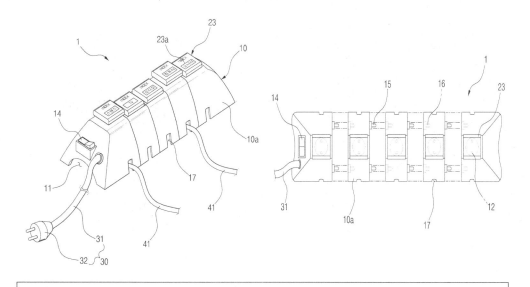

요약

본 발명은 플러그(40)를 하측에서 상측으로 콘센트홀(12)에 삽입시킴으로써 먼지, 물기와 같은 이물질이 콘센트홀(12) 내에 침투되는 것을 막아 멀티탭(1)의 오작동을 방지할 수 있으며, 분리수단(20)이 구비되어 플러그(40)를 용이하게 콘센트홀(12) 내에서 분리할 수 있으며, 다수의 멀티탭 유닛(10a)의 결합으로 멀티탭(1)이 형성됨으로 필요에 따라 콘센트홀(12)의 수를 증감시킬 수 있는 멀티탭(1)에 관한 것이다.

본 발명에 따른 멀티탭(1)은 하측에 공간부(11)가 형성되고, 상기 공간부(11)에는 플러그(40)가 삽입되는 콘센트홀(12)이 형성되며,상기 콘센트홀(12)의 양측에 관통공(13)이 형성되는 멀티탭(1) 본체와, 상기 관통공(13)에 이동가능하게 설치되어 상기 콘센트홀(12)에 삽입되는 플러그(40)를 밀어내어 분리시키는 분리수단(20)과, 상기 멀티탭(1) 본체의 일측에 연결되는 전원공급수단(30)을 포함하여 이루어지는 것을 특징으로 한다.

☞ 특허전문기술용어 해설
- 유닛 : 구성 단위
- 일측 : 장치 등의 한 면

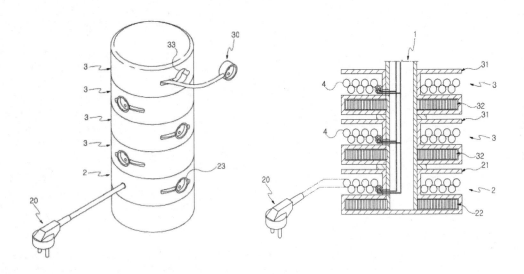

요약

    본 발명은 멀티탭에 관한 것으로, 동심축(1)과, 동심축(1)상에 회전 가능하게 다층으로 설치되는, 하나의 플럭설치부(2)와 다수개의 콘센트설치부(3)로 구성되고, 플럭설치부(2)와 콘센트설치부(3)는 플럭(20)이나 콘센트(30)에 연결되는 전선(4)을 감는 릴(21, 31; Reel)과 릴(21, 31)에 역회전력을 제공하는 스프링장치(22, 32)로 구성되고, 플럭설치부(2)와 각 콘센트설치부(3)는 전기적 연결구조를 가지는 것을 특징으로 하는 멀티탭을 제공하여,

    기존의 멀티탭과는 다르게 원통형 형태로 만들 수 있어 멀티탭의 설치 면적을 줄일 수 있을·뿐만 아니라, 플럭의 길이를 조절할 수 있고 각 개 콘센트의 전선길이 또한 조절할 수 있어 사용할 수 있는 거리의 한계를 극복할 수 있게 한 것임.

☞ 특허전문기술용어 해설
- 플럭 : pluck(=플러그)
- 릴 : 실이나 철사, 필름, 녹화 테이프 따위를 감는 틀

(3) 멀티탭 (등록번호 20-0401695)

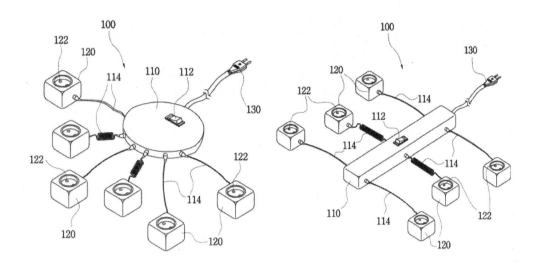

요약

　　본 고안은 다수의 콘센트가 형성되고, ON/OFF 스위치가 구비된 멀티탭에 관한 것으로, ON/OFF 스위치(112)가 구비되어 콘센트에 전원을 인가하는 스위칭 하우징(110) 과, 상기 스위칭 하우징(110)에 연결전선(114)에 의해 연결되어 형성된 다수의 독립된 콘센트(120)와, 상기 스위칭 하우징(110)에 연결되어 전원에 접속되는 전원 연결구(130)를 포함하며,

　　상기 전원 연결구(130)가 전원에 접속되고, 상기 스위칭 하우징(110)에 구비된 ON/OFF 스위치(112)가 ON상태로 조작되어 다수의 독립된 콘센트(120)와 연결된 연결 전선(114)을 통해 전원이 인가되며, 다수의 독립된 콘센트(120)에 연결된 전자제품에 전원을 인가되도록 한 것을 그 특징으로 하는 멀티탭에 관한 것이다.

☞ 특허전문기술용어 해설

• 하우징 : 기계의 부품이나 기구를 싸서 보호하는 틀

\<step 6>

◉ 마지막으로 step 5의 멀티탭 발명특허 유사기술을 활용하여, 나만의 새롭고 돈이 되는
발명 아이디어를 구상하는 단계이다.

◉ 도면을 손으로 그려보는 것이 아이디어 발상에 유리하다.

◉ 예시된 기존의 발명특허 기술을 참고하면서, 새로운 나의 아이디어를 표현해 본다.

(예 : 분리형 멀티탭, 등록번호 : 10-1004346)

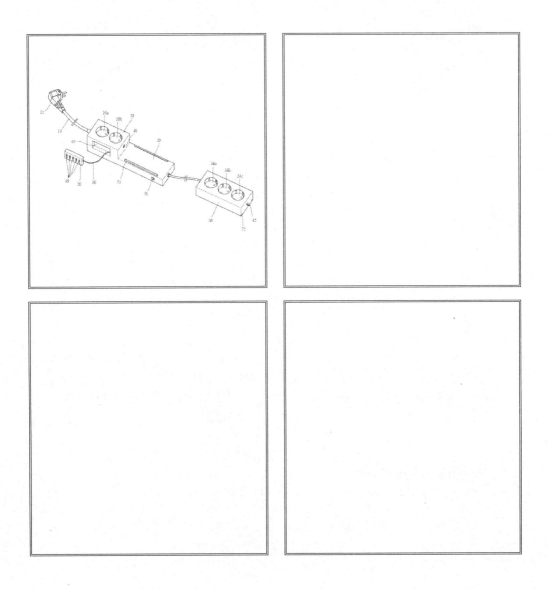

ꙮ '열심히 공부하다' 도전 코너

> 황금은 땅속에서보다 인간의 생각 속에서 더 많이 채굴되었다.
>
> -나폴레온 힐-

▣ 특허명세서 작성의 기본 원칙

1) 서면주의 원칙

► 특허출원은 문서로 제출하여야 하며, 구두에 의한 설명 또는 현물을 제출함으로써 출원서로 가름할 수 없다.

2) 국어주의 원칙

► 국어표현에 의해 제출하여야 한다.

3) 양식주의 원칙

► 특허법령의 양식에 적합하지 아니한 출원서는 보정(부족한 부분을 보태어 바르게 함)지시를 받게 되며, 불이행시는 그 출원이 무효로 된다.

4) 수수료 납부주의

► 특허출원을 하는 자는 수수료를 납부하여야 한다.

▣ 특허명세서의 이해

► 명세서는 발명한 기술내용을 소정의 서류에 기재하여 공개하는 기술문헌으로서의 사명과 특허발명의 기술적 범위를 정확히 명시하는 권리서로서의 사명을 가진다.

◉ 특허명세서의 특성

► 명세서는 공중의 입장에서는 「기술문헌」으로서 기술내용의 설명서와 공개의사 표시기능을 지니고 있어 기술개발상 유용하게 활용될 수 있다.

► 특허권자 입장에서는 보호대상과 범위를 특정하는 독점권을 표시하는 「권리서」로서의 기능을 담당한다.

◉ 특허명세서의 내용

► 특허출원을 하기 위해서 작성되는 명세서는 발명의 기술내용을 상세하게 설명하는 서식이므로 일정한 형식이 없이 자유롭게 기재되어야 한다.

► 명세서는 기술문헌자료로서 일반 공중에 공개되는 대세적인 기능과 심사 대상발명의 설명서를 겸한 기능을 하고 있으므로 특허법에서는 명세서를 작성하는 데 일정한 형식을 요구하고 있다.

► 명세서의 중요 기재사항(2010년 1월 기준)은 ① 발명의 명칭, ② 기술 분야, ③ 배경기술, ④ 발명의 내용, ⑤ 발명의 실시를 위한 구체적인 내용, ⑥ 특허 청구 범위 등이 있다. 발명의 내용에는 ㉠ 해결하려는 과제, ㉡ 과제의 해결 수단, ㉢ 효과 로 구성되고, 발명의 실시를 위한 구체적인 내용으로는 실시 예, 산업상 이용 가능성이 포함된다.

► 신규성, 진보성, 산업상 이용가능성은 특허심사에 있어서 공통적으로 고려되고 있는 기본적인 특허요건이다.

► 특허청구 범위를 작성할 때에는 이들 특허요건의 의미를 충분히 파악하고 출원하는 발명이 이 특허요건을 갖추고 있다는 것을 명확히 알 수 있도록 기재하여야 한다.

► 특허청구범위는 출원인이 특허권으로서 권리를 확보하고자 요망하는 범위이며, 이는 출원발명이 특허된 경우에 특허권의 내용은 특허청구범위에 기재된 사항에 기초하여

정해진다.

► 특허명세서는 특허출원의 객체인 독점과 공개의 대상이 되는 발명(추상적인 기술적 사상)을 정의하는 서면(일정한 내용을 적은 문서)으로써, 발명자의 노력과 부여된 권리에 의해 제약을 받는 제3자에 대한 법적 안정성 및 형평성을 고려하여 그 효력 이 미치는 범위가 명확하게 공시되어야 하며, 명세서에서 공시(알리는 글)된 범위 내에서 권리로서 보호받을 수 있다.

▣ 명세서의 구성

기　　　존	현　　　행
[발명(고안)의 명칭]	[발명(고안)의 명칭]
[발명(고안)의 상세한 설명]	[기술 분야]
[기술 분야]	[배경기술]
[배경기술]	[선행기술분야]
[발명(고안)의 내용]	[특허문헌]
[해결하고자 하는 과제]	[비 특허문헌]
[과제의 해결 수단]	[발명(고안)의 내용]
[효과]	[해결하려는 과제]
[발명(고안)의 실시를 위한 구체적인 내용]	[과제의 해결 수단]
[실시 예]	[효과]
[산업상 이용가능성]	[도면의 간단한 설명]
[특허(실용신안) 청구범위]	[발명(고안)의 실시를 위한 구체적인 내용]
[청구항1]	[실시 예]
[도면의 간단한 설명]	[산업상 이용가능성]
[도면]	[특허(실용신안)청구범위]
[도면 1]	[청구항1]
[서열목록]	[요약서]
	[도면]
[요약서]	[도면 1]
	[서열목록]

(개정: 2010년 1월 1일)

MEMO

경제성을 가진 환경 친화적

칫 솔

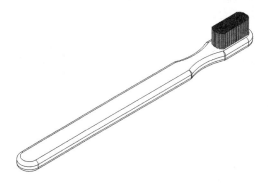

PART

06

◉ 칫솔의 대부분은 칫솔대와 칫솔 헤드가 일체로 되어 있다.

◉ 칫솔모는 일정기간 사용하면 칫솔모가 벌어지기 때문에 효과적인 칫솔질이 되지 않는다. 또한 칫솔 교체에 따른 불합리한 점이 많다.

◉ 경제성을 가진 환경 친화적 칫솔 발명이 필요하다.

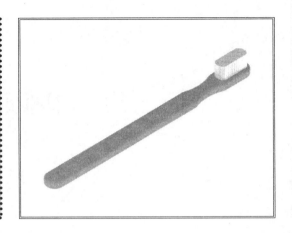

Step 1

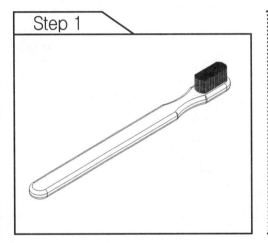

<step 1>

◉ 미농지(투명지)를 칫솔의 입체도(사시도)위에 놓고, 정확하게 덧그린다.

<step 2>

◉ 칫솔의 입체도(사시도)를 확인한다.

◉ 입체도(사시도)의 점선을 따라, 2회 반복 덧그린다.

Step 2

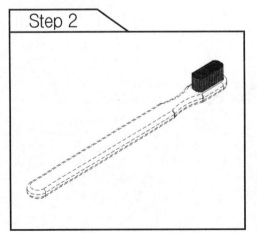

Step 2

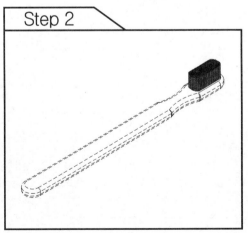

<step 3>

◉ 모눈종이 위에 칫솔의 입체도(사시도)를 따라 그리면서, 칫솔의 구조 및 위치를 정확히
파악한다.

사시도

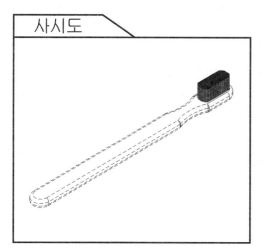

Step 3

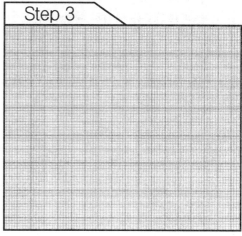

MEMO

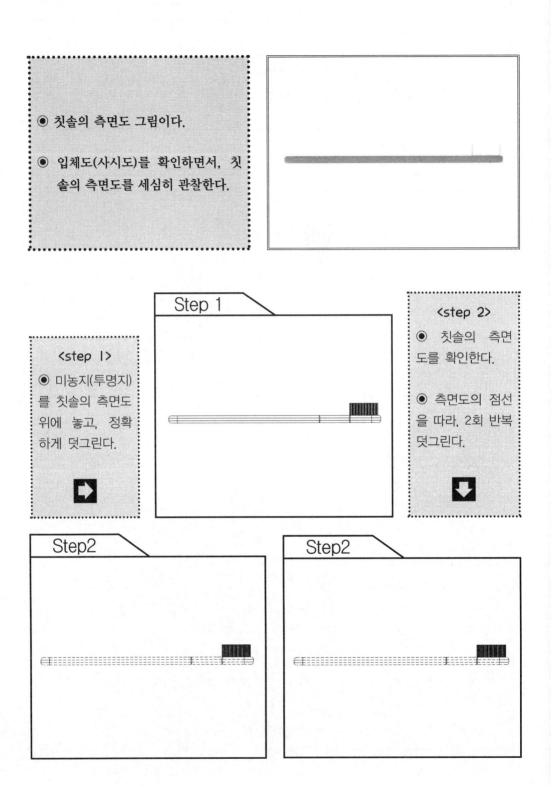

◉ 칫솔의 측면도 그림이다.

◉ 입체도(사시도)를 확인하면서, 칫
솔의 측면도를 세심히 관찰한다.

Step 1

<step 1>
◉ 미농지(투명지)
를 칫솔의 측면도
위에 놓고, 정확
하게 덧그린다.

<step 2>
◉ 칫솔의 측면
도를 확인한다.

◉ 측면도의 점선
을 따라, 2회 반복
덧그린다.

Step2

Step2

ex

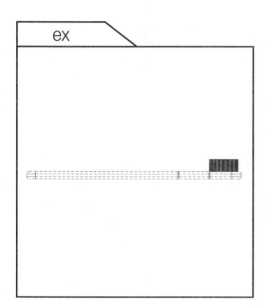

Step1

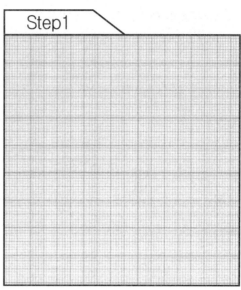

MEMO

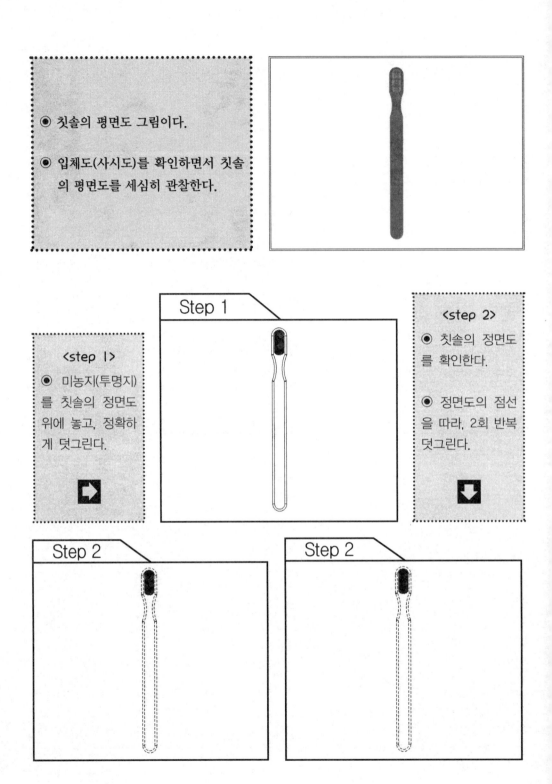

◉ 칫솔의 평면도 그림이다.

◉ 입체도(사시도)를 확인하면서 칫솔
의 평면도를 세심히 관찰한다.

Step 1

<step 1>
◉ 미농지(투명지)
를 칫솔의 정면도
위에 놓고, 정확하
게 덧그린다.

<step 2>
◉ 칫솔의 정면도
를 확인한다.

◉ 정면도의 점선
을 따라, 2회 반복
덧그린다.

Step 2

Step 2

◉ 모눈종이위에 칫솔의 평면도를 따라 그리면서, 칫솔의 구조 및 위치를 정확히 파악한다.

평면도

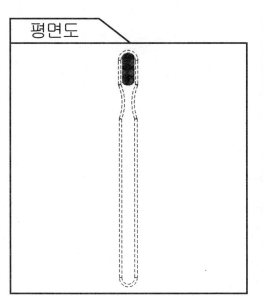

Step3

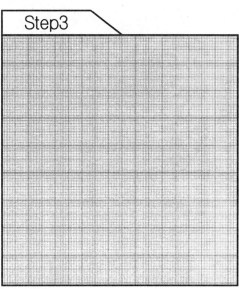

MEMO

◉ 칫솔의 정면도 그림이다.

◉ 입체도(사시도)를 확인하면서 칫솔의 정면도를 세심히 관찰한다.

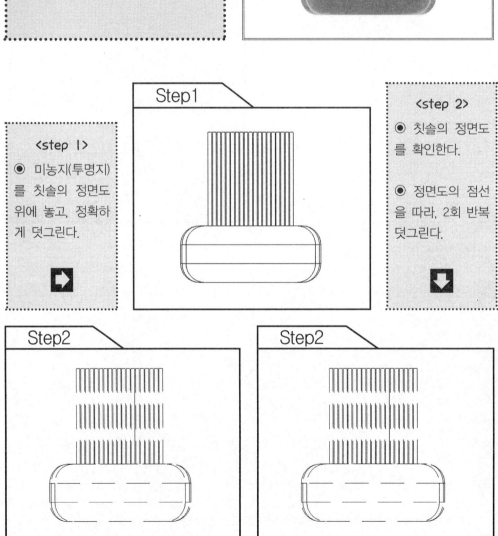

<step 1>
◉ 미농지(투명지)를 칫솔의 정면도 위에 놓고, 정확하게 덧그린다.

Step1

<step 2>
◉ 칫솔의 정면도를 확인한다.

◉ 정면도의 점선을 따라, 2회 반복 덧그린다.

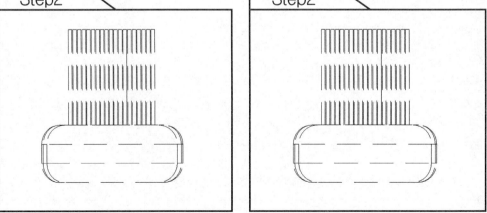

Step2

Step2

◉ 모눈종이위에 칫솔의 정면도를 따라 그리면서, 칫솔의 구조 및 위치를 정확히 파악한다.

정면도

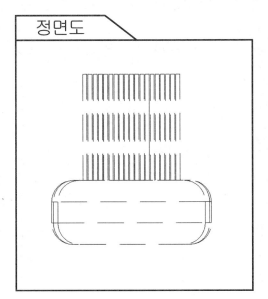

Step3

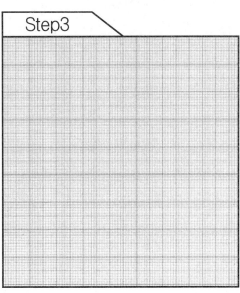

MEMO

MEMO

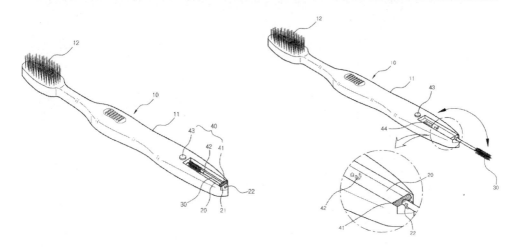

요약

본 고안은 치간 칫솔이 내장된 칫솔에 관한 것으로, 본 고안은 일측 단부에 손잡이부(11)가 구비되고, 타측 단부 일측에 칫솔모(12)가 구비된 칫솔 본체(10); 상기 손잡이부(11)에 구비되며 치간 칫솔(30)이 수용되는 치간 칫솔수용부(20); 상기 치간 칫솔 수용부(20)에 수용된 치간 칫솔(30)을 인출되도록 하는 인출수단(40); 을 포함하여 이루어지는 것을 특징으로 한다.

이에 따라 본 고안은 치간 칫솔 사용 시에 치간 칫솔이 인출되도록 하여 사용하고 미사용시에는 치간 칫솔이 손잡이부에 접철되어 수용되도록 하여 사용이 간편하고, 치간 칫솔을 수용부에 수용되도록 하고 수용부를 개폐하는 커버를 손잡이부에 일체로 구비함으로써 커버의 분실을 방지할 수 있게 된다.

☞ 특허전문기술용어 해설

- 치간 : 이와 이 사이
- 일측 : 장치 등의 한 면
- 단부 : 끊어지거나 잘라진 부분
- 인출 : 끌어서 빼냄
- 접철 : 여닫이문을 달 때 한쪽은 문틀에, 다른 한쪽은 문짝에 고정하여 문짝이나 창문을 다는 데 쓰는 철물(=경첩)
- 일체 : 떨어지지 아니하는 한 몸이나 한 덩어리

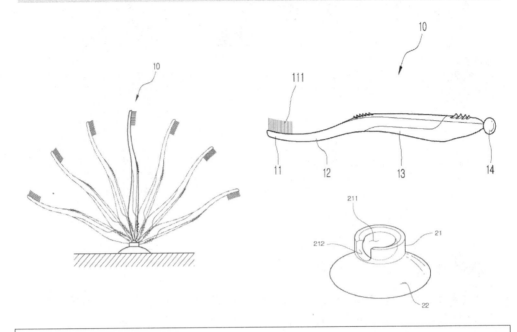

요약

　　본 발명은 칫솔(10) 및 칫솔<u>거치</u>기구(20)에 관한 것이다.

　　본 발명의 칫솔(10)은 위생적인 칫솔(10)의 <u>거치</u>를 위해 손잡이부(13)의 <u>끝단</u>에 연장 형성된 <u>거치</u>부(21)를 <u>구비</u>한 것을 특징으로 하며,

　　본 발명의 칫솔(10)<u>거치</u>기구는 칫솔(10)에 <u>구비</u>된 <u>거치</u>부(21)를 파지할 수 있는 <u>파지</u>홈 및 걸이홈이 형성된 <u>파지</u>부(21) 및 상기 <u>파지</u>부(21)를 지지하면서 고정 면에 탈·부착 시킬 수 있는 진공흡착부(22)가 <u>구비</u>되어 있는 것을 특징으로 한다.

　　본 발명에 따르면 위생적이며 사용공간의 제약이 적고 저렴한 비용으로 칫솔(10) 및 칫솔<u>거치</u>기구(20)를 공급할 수 있다.

☞ **특허전문기술용어 해설**

- 거치 : 그대로 둠
- 구비 : 있어야 할 것을 빠짐없이 다 갖춤
- 끝단 : 천의 끝에 이어 댄 옷단
- 파지 : 손으로 쥠

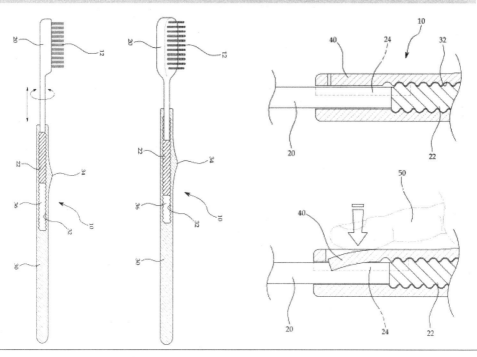

요약

　　본 발명은 칫솔에 관한 것으로서, 보다 상세하게는 칫솔모의 상하 회전이 가능한 칫솔에 관한 것이다.

　이를 위해, 일단에는 칫솔모(12)가 부착되고, <u>타단</u>에는 숫나사부(22)가 형성된 머리부재(20); 및 <u>외면</u>에 파지부(34)가 형성되고,

　일단에는 숫나사부(22)에 <u>치형</u> 물림이 가능한 암나사부(32)가 형성된 손잡이<u>부재</u>(30);로 구성됨으로서, 손잡이<u>부재</u>(30)의 좌우 직선운동을 상기 머리<u>부재</u>(20)의 상하 회전운동으로 변환할 수 있다.

☞ 특허전문기술용어 해설

• 타단 : 다른 한쪽 끝
• 부재 : 골조를 구성하는 기둥이나 보, 지붕틀 구조 등의 막대 모양의 재료
• 외면 : 겉으로 드러나 보이는 면(=겉면)
• 파지 : 손으로 쥠　　　　　　　　　• 치형 : 기어에 절삭한 이의 모양

◉ 마지막으로 step 5의 칫솔 발명특허 유사기술을 활용하여, 나만의 새롭고 돈이 되는 발명 아이디어를 구상하는 단계이다.

◉ 도면을 손으로 그려보는 것이 아이디어 발상에 유리하다.

◉ 예시된 기존의 발명특허 기술을 참고하면서, 새로운 나의 아이디어를 표현해 본다.
　　(예 : 치간 칫솔을 포함한 칫솔,　출원번호 : 20-2010-0006642)

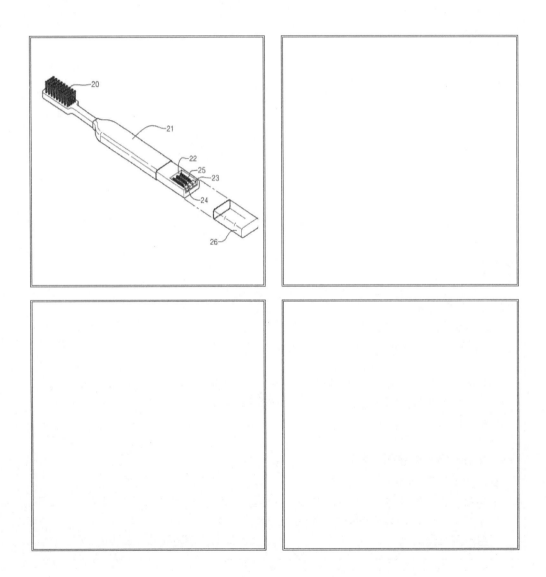

☞ '열심히 공부하다' 도전 코너

> 다리를 움직이지 않고는 좁은 도랑도 건널 수 없다. 소원과 목적은 있으되 노력이 따르지 않으면, 아무리 환경이 좋아도 소용이 없다.
> 비록 재주가 뛰어나지 못하더라도 꾸준히 노력하는 사람은 반드시 성공을 거두게 된다.
>
> — 알 랭 —

▣ 특허명세서의 주요기능

1) 기술문헌으로서의 기능

► 특허명세서에 기재된 사항은 특허공보(공개공보 또는 공고공보)에 게재되어 공개되고 당해 특허권의 존속기간의 만료 등에 의한 소멸 후에는 사회전체의 공유의 지식으로 공유되고, 기술적 유산으로서 후세에 인계된다.

2) 권리서로서의 기능

► 특허발명의 보호범위는 특허청구 범위에 기재된 사항에 의하여 정해진다.

3) 입증자료로서의 기능

► 특허출원 발명이 모두 특허를 받을 수 있는 것은 아니며 「산업상 이용가능성」과, 「신규성」 및 「진보성」을 갖추어야 한다. 발명의 상세한 설명은 출원발명이 이러한 특허요건을 갖추었음을 주장입증하는 역할을 한다.

▣ 특허명세서 작성 기본원리

► 국어주의를 원칙으로 하되, 이해될 수 없는 용어는 영문 또는 한자를 (1회)괄호 속에 기재한다.

► 문장이 너무 길지 않고, 간단명료하면서, 주어와 술어의 관계를 명확히 한다.

► 복문이나 중문은 피하고, 단문 위주로 표현하고, 접속어에 의해 각 단락 및 내용을 구분한다.

► 현재 시제를 기준으로 작성하되, 실험 예 등은 과제시제로 표현한다.

► 용어는 학술용어 또는 학술문헌 등에 관용되고 있는 용어 등 일반화된 용어를 사용하고, 전문기술용어의 사용이 불가피한 경우는 상세한 설명에서 그 용어에 대한 정의를 기재하고, 명세서 전체를 통하여 용어를 통일되게 사용한다.

► 논리적으로 기재한다.

► 당해(바로 그 사물) 발명과 종래기술이 구성, 목적, 효과에 있어서 각각 어떻게 다른지 대비될 수 있도록 기재한다.

► 기술내용은 별도의 자료 없이도 실시가 가능할 정도로 상세히 기재한다.

► 실시 예가 여러 가지인 경우에는 가능한 한 모두 기재하여 설명한다.

▣ 명세서의 일반적 작성 방법

1) 발명의 명칭

► 발명의 내용을 간명(간단명료)하게 표시할 수 있는 발명의 국문명칭을 기재하며, 영문 명칭을 구분기호[중괄호 " { } "]안에 기입한다.

► 발명이 물품발명인지 방법발명인지 명확히 나타내고 물품 및 제조방법 등 상이한 카테고리의 복수발명인 경우 이들 모두를 나타낸다.

【예 1】 ~~~ 표시장치
【예 2】 ~~~ 장치 및 ~~방법

► 특허청구 범위의 모든 카테고리가 포함되도록 한다.

► 발명의 내용과 직접적인 관련이 없는 개인명, 상표명, 애칭, 추상적인 성능표현 등은 기재하지 않는 것이 좋다.

【예】 개량된 ○○, 최신식 ○○, 문명식 ○○, 발명특허 ○○

► 발명의 명칭은 특허청구 범위의 청구항 말미(맨 끄트머리)에서 사용된 용어와 일치되도록 기재하는 것이 좋다.

내구성은 물론 위생성이 좋은

도 마

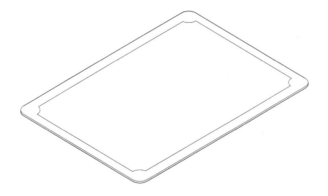

◉ 통상 도마는 요리를 하는 경우 야채 또는 육류 등의 식재료를 올려두고, 식칼 등으로 썰거나 다질 때 사용하는 주요 주방기구 중 하나이다.

◉ 도마는 거의 매일 사용할 정도로 그 사용빈도가 매우 높다.

◉ 내구성은 물론 위생성이 좋은 도마 발명이 요구된다.

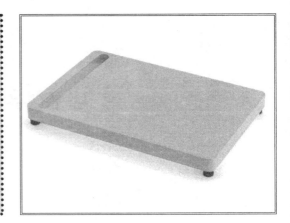

<step I>
◉ 미농지(투명지)를 도마의 입체도 (사시도)위에 놓고, 정확하게 덧그린다.

➡

Step 1

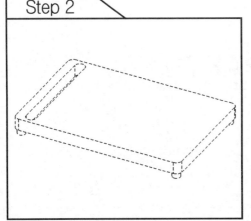

<step 2>
◉ 도마의 입체도 (사시도)를 확인한다.
◉ 입체도(사시도)의 점선을 따라, 2회 반복 덧그린다.

⬇

Step 2

Step 2

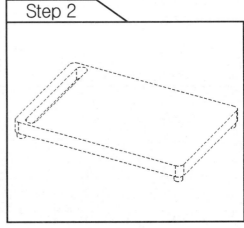

◉ 모눈종이 위에 도마의 입체도(사시도)를 따라 그리면서, 도마의 구조 및 위치를 정확히 파악한다.

사시도

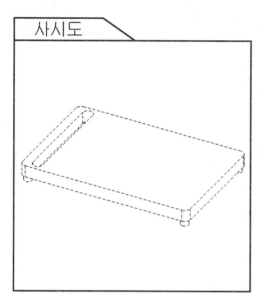

Step 3

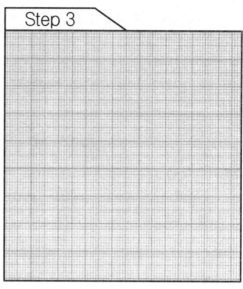

MEMO

◉ 도마의 측면도 그림이다.

◉ 입체도(사시도)를 확인하면서, 도
마의 측면도를 세심히 관찰한다.

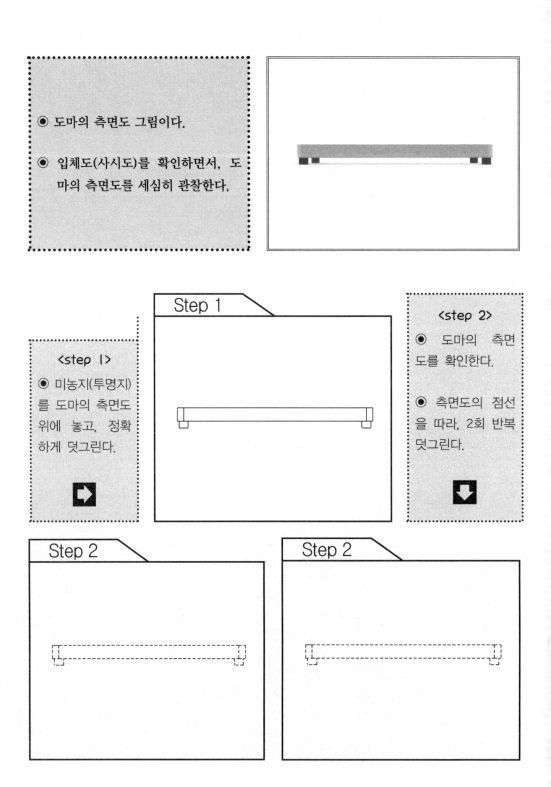

Step 1

\<step 1\>

◉ 미농지(투명지)
를 도마의 측면도
위에 놓고, 정확
하게 덧그린다.

\<step 2\>

◉ 도마의 측면
도를 확인한다.

◉ 측면도의 점선
을 따라, 2회 반복
덧그린다.

Step 2

Step 2

◉ 모눈종이위에 도마의 측면도를 따라 그리면서, 도마의 구조 및 위치를 정확히 파악한다.

측면도

Step 3

MEMO

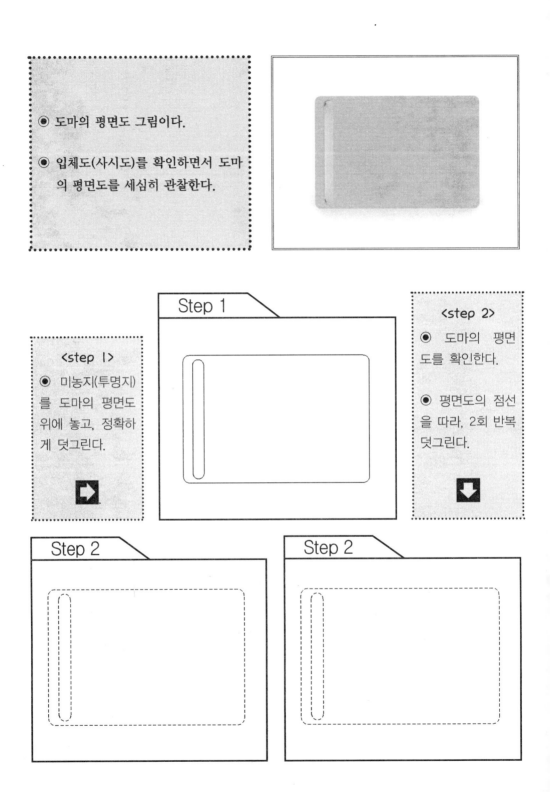

◉ 도마의 평면도 그림이다.

◉ 입체도(사시도)를 확인하면서 도마의 평면도를 세심히 관찰한다.

Step 1

<step 1>
◉ 미농지(투명지)를 도마의 평면도 위에 놓고, 정확하게 덧그린다.

<step 2>
◉ 도마의 평면도를 확인한다.

◉ 평면도의 점선을 따라, 2회 반복 덧그린다.

Step 2

Step 2

◉ 모눈종이위에 도마의 평면도를 따라 그리면서, 도마의 구조 및 위치를 정확히 파악한다.

평면도

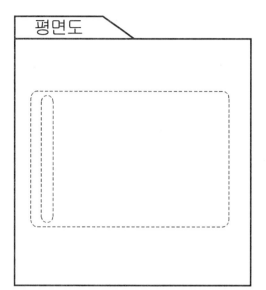

Step 3

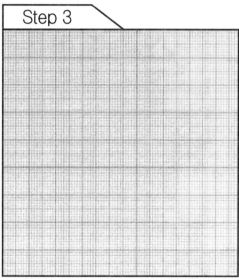

MEMO

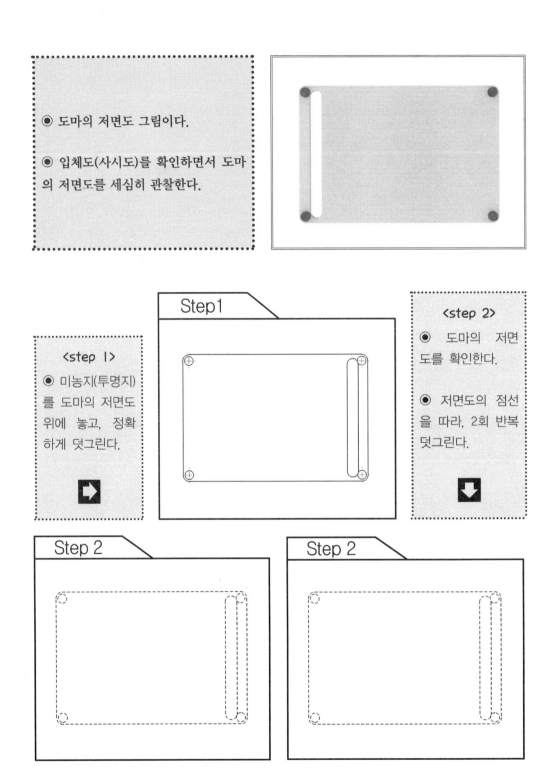

◉ 도마의 저면도 그림이다.

◉ 입체도(사시도)를 확인하면서 도마의 저면도를 세심히 관찰한다.

Step1

\<step I\>
◉ 미농지(투명지)를 도마의 저면도 위에 놓고, 정확하게 덧그린다.

\<step 2\>
◉ 도마의 저면도를 확인한다.

◉ 저면도의 점선을 따라, 2회 반복 덧그린다.

Step 2

Step 2

◉ 모눈종이위에 도마의 저면도를 따라 그리면서, 도마의 구조 및 위치를 정확히 파악한다.

저면도

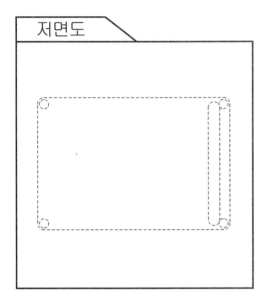

Step 3

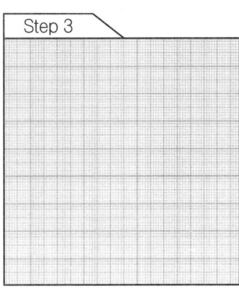

MEMO

◉ 전 단계의 도면을 보지 않고, 입체도(사시도), 정면도, 측면도, 평면도 등을 다시 자유롭게 그려본다.
◉ 이 단계에서는 발명아이디어의 감각을 익히는데 초점을 둔다.

<step 5>

◉ 과거에 특허출원 되었던 유사한 발명특허 도면을 확인한다.
◉ 각 특허 도면간의 차이점과 유사점을 점검한다.
◉ 특히 입체도(사시도), 단면도, 투상도 등의 형태를 상세하게 보면서, 핵심 아이디어(기술)를 정리정돈 한다.

MEMO

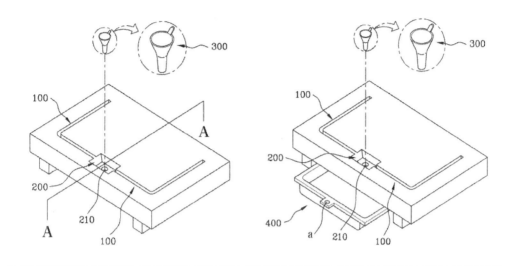

요약

　본 발명은 물 빠짐이 가능한 도마에 관한 것으로서, 더욱 상세하게는 도마의 사용 중 발생하는 물기 등을 효과적으로 도마의 상면으로부터 배출시킬 수 있는 배수홈(100)이 마련되며, 이에 더하여 배출되는 홈 등에 물 빠짐으로 인한 찌꺼기 등을 간단히 제거할 수 있는 착탈식 깔때기 부재(300)를 구성한 다기능의 도마에 관한 것이다.

　본 발명은 도마 상면부 주변부에 길이 방향으로 형성되는 배수홈(100)과, 상기 배수홈(100)과 연결되며 도마의 배면으로 관통되는 배수홀(210)을 포함하여 물이 상기 배수홈(100)을 따라 배수홀(210)로 집수되도록 경사져 이루어지는 집수홈(200)과, 상기 집수홈(200)에 탈착 가능하고, 일측에 사용자의 파지를 위한 돌출부(310)가 마련되는 스테인리스 재질의 깔때기 부재(300)를 가지는 것을 특징으로 한다.

☞ **특허전문기술용어 해설**
- 착탈 : 붙이거나 뗌
- 부재 : 골조를 구성하는 기둥이나 보, 지붕틀 구조 등의 막대 모양의 재료
- 집수 : 잡아서 가둠
- 탈착 : 붙었다 떨어졌다 함
- 일측 : 장치 등의 한 면
- 파지 : 손으로 쥠

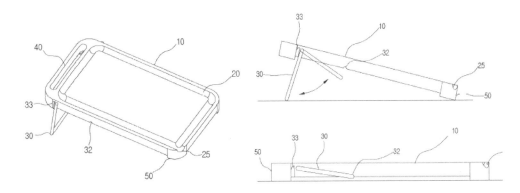

본 발명은 지지대(30)가 <u>구비</u>된 도마(10)에 관한 것이다.

본 발명인 지지대(30)가 구비된 도마(10)는 판 형상의 도마(10)와, 상기 도마(10) 상부 면의 가장자리에 액체가 흐를 수 있도록 <u>소정</u>의 깊이로 패인 흐름부(20)와, 상기 흐름 부(20)를 통해 흐른 액체가 도마(10) 밖으로 배출될 수 있도록 상기 흐름부(20)와 상기 도마(10)의 <u>외면</u>이 서로 트이는 배출부(25)와, 상기 도마(10)의 <u>일측</u>에 양측면에 회전가 능하게 고정되는 지지대(30)와, 상기 지지대(30)는 상기 도마(10)의 <u>일측</u> 양 측면에 소 정의 깊이로 패인 <u>회동홈</u>(31)에 끼워져 회전하는 것을 특징으로 한다.

또한, 상기 지지대(30)가 <u>소정</u> 각도로 회전가능하도록 걸림부(33)를 더 포함하고, 상 기 지지대(30)는 상기 도마(10)에 고정될 수 있도록 <u>소정</u>의 깊이로 패인 고정홈(32)에 끼워져 고정되는 것을 특징으로 한다.

본 발명에 따른 지지대(30)가 <u>구비</u>된 도마(10)는 음식물을 도마(10)에 올려놓고 자르 거나 다듬질 할 때, 음식물에서 흐르는 국물, 육즙, 물기 등이 상기 도마(10)의 사방으 로 흘러내리지 않고 흐름부(20)를 통해 배출되는 효과가 있다. 이로 인해, 음식물의 물 기를 청소를 덜어 주어 편리하다.

☞ **특허전문기술용어 해설**
- 구비 : 있어야 할 것을 빠짐없이 다 갖춤
- 외면 : 겉으로 드러나 보이는 면(=겉면)
- 회동 : 물체가 회전축의 둘레를 일정한 거리를 두고 도는 운동(=회전운동)
- 소정 : 정해진 바
- 일측 : 장치 등의 한 면

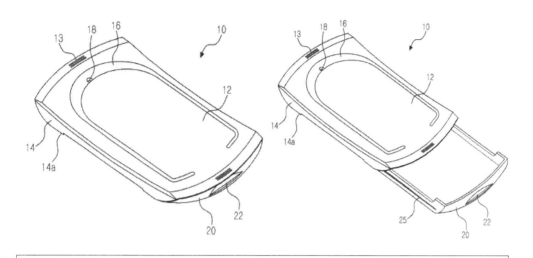

요약

　　본 발명은 식재료의 가공시 사용하는 도마(10)에 관한 것으로서, 본 발명의 목적은 전술된 종래 기술의 문제점을 해결하기 위한 것으로서, 수납용기(20)를 결합할 수 있도록 하여 가공된 식재료 또는 찌꺼기를 쉽게 수납 또는 분류할 수 있고, 식재료의 가공시 발생된 수분이 밖으로 흘러내리지 않아 작업환경을 청결하게 유지할 있도록 한 도마(10)를 제공하는 것을 목적으로 한다.

　　상기한 목적을 달성하기 위한 본 발명에 따른 도마(10)는 식재료의 가공 작업면을 제공하는 상판(12)과, 상기 상판(12)의 하부에 활주 가능하게 결합되며 내측에 수납공간이 형성된 수납용기(20)와, 상기 상판(12)의 작업면 둘레에 오목하게 형성된 요홈부(16)와, 상기 요홈부(16)에 형성되어 상기 수납용기(20)의 수납공간으로 관통하는 적어도 하나의 통공을 포함하고, 상기 수납용기(20)는 도구를 수납하기 위한 도구수납함(30)을 포함하며, 상기 도구수납함(30)은 상기 수납용기(20)의 내부에 구획된 저장부(32)와, 상기 저장부(32)를 덮는 커버(34)를 포함한다.

☞ 특허전문기술용어 해설

- 전술 : 앞에서 이미 진술하거나 논술함
- 종래 : 일정한 시점을 기준으로 이전부터 지금까지에 이름 또는 그런 동안
- 구획 : 토지 따위를 경계를 지어 가름 또는 그런 구역

\<step 6\>

◉ 마지막으로 step 5의 도마 발명특허 유사기술을 활용하여, 나만의 새롭고 돈이 되는 발명 아이디어를 구상하는 단계이다.

◉ 도면을 손으로 그려보는 것이 아이디어 발상에 유리하다.

◉ 예시된 기존의 발명특허 기술을 참고하면서, 새로운 나의 아이디어를 표현해 본다.

(예 : 도마의 절단보조장치, 출원번호 : 10-0717255)

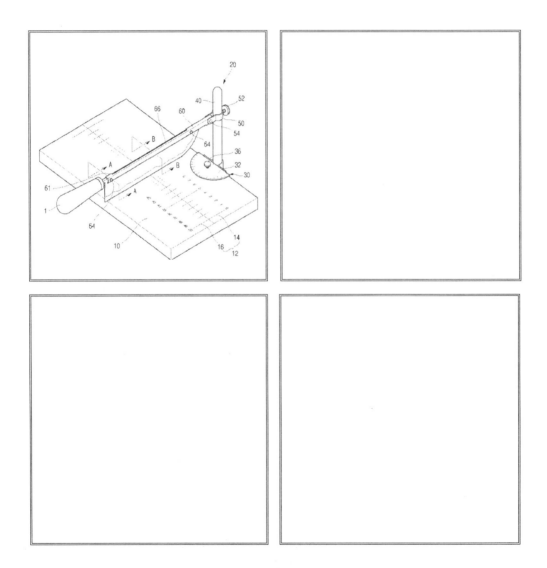

⑨ '열심히 공부하다' 도전 코너

끊임없이 실패의 위험을 감수하는 사람만이 예술가로 살아갈 수 있습니다. 밥 딜런과 피카소는 언제나 실패의 위험을 감수했습니다.

-스티브잡스-

2) 기술 분야

▶ 기술 분야에 대해서는 출원발명이 속하는 산업·기술 분야를 구체적으로 기재하며 필요한 경우 관련되는 기술 분야도 기재한다.

▶ 발명분야가 무엇에 관한 것이며, 세부적으로는 장치, 방법, 물품 등의 발명 대상이 어느 분야에 적용되는지를 명확하게 한다.

3) 배경기술

▶ 발명의 배경이 되는 종래기술의 내용을 구체적으로 기재하며, 종래기술에 관해 문헌을 인용할 경우 그 문헌의 명칭 및 그 상세한 기술내용(구성 및 작용 등)을 기재한다.

▶ 또한 종래기술이 없는 전혀 새로운 발명에 대해서는 그 취지를 기재함으로써 종래기술의 기재를 대신할 수 있으며 문헌의 인용방법은 다음과 같이 정의되면 무난하다.

【예1】• 특허공보, 실용신안공보 : 특허공고 제 oo-oooo호(20××. ×. ×)
특허 제 ooooo호(20××. ×. ×)
• 간행물 : 간행물명, 권수, 호수, 발행연월일, 발행처, 발행국, 저자명, 논문명, 페이지의 순서로 기재
• 단행본 : 저자명(또는 편저자명), 「서명」, 권수, 판수, 발행연월일, 발행처, 발행국, 페이지의 순서로 기재

▶ 종래 기술의 문제점과 관련된 동작만을 간단히 기술하고(선행기술에 대한 도면 도시 불필요), 본 발명에 대한 설명 시, 필요한 구성을 같이 설명하는 것이 유리하다.

▶ 주관적인 종래기술 비판 보다는, 객관적인 사실에 치중한다. 특히, 특정 발명 및 제품을 비난하는 것을 피하는 것이 좋다.

4) 발명의 내용

(1) 해결하고자 하는 과제

▶ 해결하고자 하는 기술적 과제에 대해서는, 종래기술의 문제점을 분석하여 그 문제점으로부터 발명이 해결하고자 하는 과제를 종래기술과 관련하여 기재한다.

▶ 배경 기술의 기술적 문제점 방안으로서, 방법, 수단, 기구, 공정, 재료 등을 명확히 작성한다.

(2) 과제해결 수단

▶ 과제해결 수단에는 발명이 이루고자 하는 기술적 과제를 해결하기 위하여 어떠한 기술적 수단을 채용하였는가를 그 작용과 함께 기재하여야하며, 이 기술적 수단이 복수의 하위 또는 부분적 수단으로 이루어져 있는 경우에는 이들의 상호관계를 명료하게 기재한다.

▶ 발명의 구성에는 경우에 따라 구성 그 자체에 관한 것 뿐 아니라 그 기능에 관해서도 기재할 필요(특히 컴퓨터 기술 분야)가 있다.

▶ 기능에 대해 기재 시에는 개개의 기술적 수단이 어떤 기능을 하고 있는가, 또한 이들이 어떻게 서로 관련을 가지고 작용하여 과제를 해결하고 있는가에 대해 기재한다.

(3) 효 과

▶ 발명은 청구범위에 기재된 기술적 수단에 의해 그 발명이 목적으로 하는 결과를 달성해야 하고, 그 결과 특유의 효과가 발생해야 하는 것이므로 발명의 내용을 정확하게 제3자에게 파악시키기 위해서는, 해당 발명의 목적 및 특유의 효과설명이 필요하다.

▶ 특히 발명의 진보성 판단에 있어서 특유한 효과가 없는 사항은 단순한 설계변경 정도로 밖에 고려되지 않는다.

▶ 효과는 발명의 목적달성을 확인할 수 있는 효과, 배경기술과 비교하여 유리한 효과가 발생된다는 것 등을 결과를 중심으로 기재하며, 기술적으로 뒷받침되지 않는 경제적인 효과만을 기재해서는 안 된다.

사생활 보호 및 학습에 도움이 되는

독서실 책상

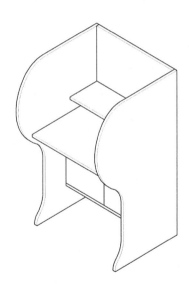

PART

08

◉ 건물 내부에 여러 개의 책상이 비치된 독서실은, 학생들의 학습능률을 향상시킬 수 있는 유익한 장소이다.

◉ 독서실은 이용자의 사생활 보호는 물론, 옆 사람의 행동이나 말소리 때문에 학습에 방해되는 문제가 없어야 한다.

◉ 또한 시공비가 절감되고, 독서실의 이전이 용이하며, 다른 용도로 사용가능한 독서실 책상 발명은 중요하다.

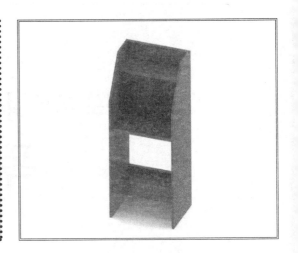

<step 1>

◉ 미농지(투명지)를 독서실 책상의 입체도(사시도)위에 놓고, 정확하게 덧그린다.

Step1

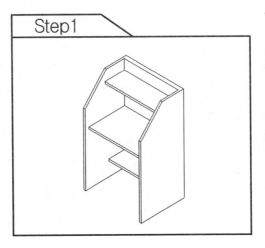

<step 2>

◉ 독서실 책상의 입체도(사시도)를 확인한다.

◉ 입체도(사시도)의 점선을 따라, 2회 반복 덧그린다.

Step 2

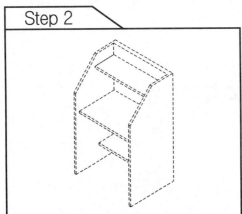

Step 2

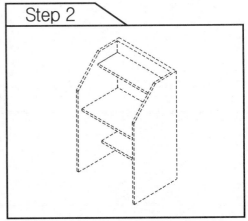

<step 3>

◉ 모눈종이 위에 독서실 책상의 입체도(사시도)를 따라 그리면서, 독서실 책상의 구조 및 위치를 정확히 파악한다.

사시도

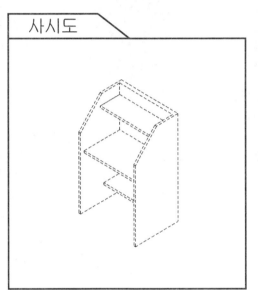

Step 3

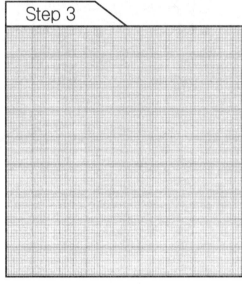

MEMO

◉ 독서실 책상의 측면도 그림이다.

◉ 입체도(사시도)를 확인하면서, 독서실 책상의 측면도를 세심히 관찰한다.

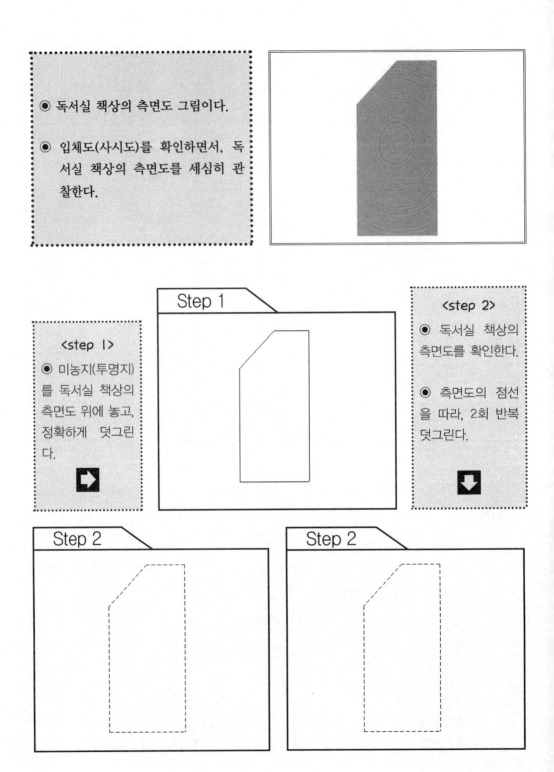

<step 1>
◉ 미농지(투명지)를 독서실 책상의 측면도 위에 놓고, 정확하게 덧그린다.

Step 1

<step 2>
◉ 독서실 책상의 측면도를 확인한다.

◉ 측면도의 점선을 따라, 2회 반복 덧그린다.

Step 2

Step 2

● 모눈종이 위에 독서실 책상의 측면도를 따라 그리면서, 독서실 책상의 구조 및 위치를
정확히 파악한다.

측면도

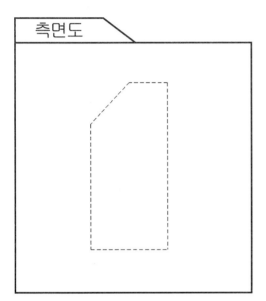

Step 3

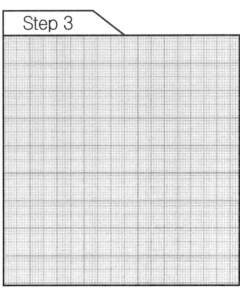

MEMO

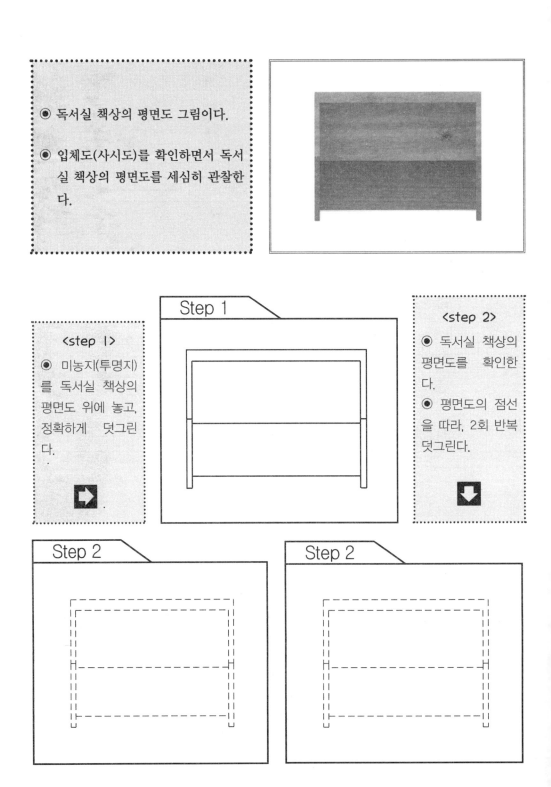

◉ 독서실 책상의 평면도 그림이다.

◉ 입체도(사시도)를 확인하면서 독서
실 책상의 평면도를 세심히 관찰한
다.

Step 1

<step 1>
◉ 미농지(투명지)
를 독서실 책상의
평면도 위에 놓고,
정확하게 덧그린
다.

<step 2>
◉ 독서실 책상의
평면도를 확인한
다.
◉ 평면도의 점선
을 따라, 2회 반복
덧그린다.

Step 2

Step 2

◉ 모눈종이 위에 독서실 책상의 평면도를 따라 그리면서, 독서실 책상의 구조 및 위치를 정확히 파악한다.

평면도

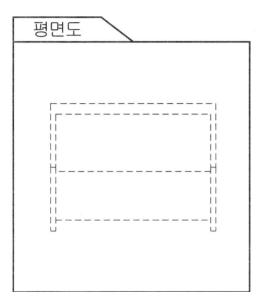

Step 3

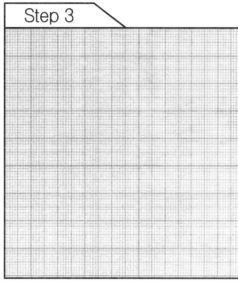

MEMO

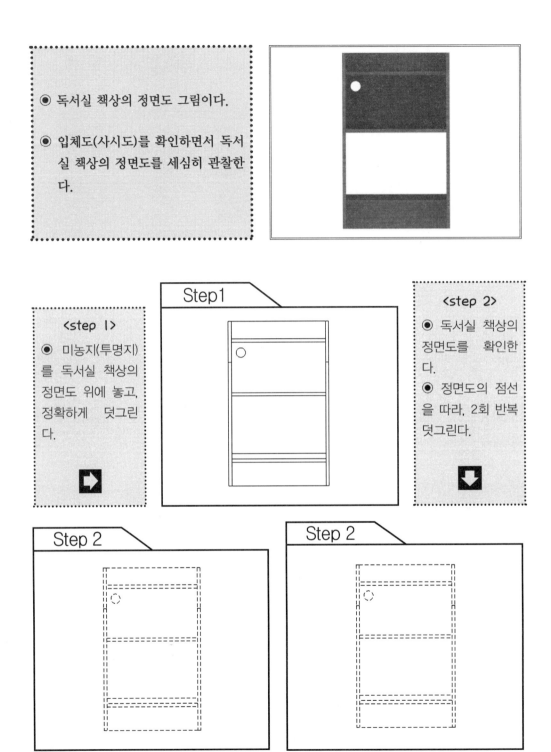

◉ 독서실 책상의 정면도 그림이다.

◉ 입체도(사시도)를 확인하면서 독서실 책상의 정면도를 세심히 관찰한다.

<step 1>
◉ 미농지(투명지)를 독서실 책상의 정면도 위에 놓고, 정확하게 덧그린다.

Step1

<step 2>
◉ 독서실 책상의 정면도를 확인한다.
◉ 정면도의 점선을 따라, 2회 반복 덧그린다.

Step 2

Step 2

◉ 모눈종이 위에 독서실 책상의 정면도를 따라 그리면서, 독서실 책상의 구조 및 위치를 정확히 파악한다.

정면도

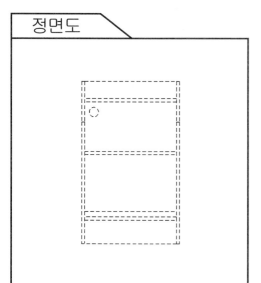

Step 3

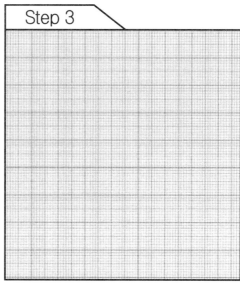

MEMO

<step 4>

- 전 단계의 도면을 보지 않고, 입체도(사시도), 정면도, 측면도, 평면도 등을 다시 자유롭게 그려본다.
- 이 단계에서는 발명아이디어의 감각을 익히는데 초점을 둔다.

<step 5>

- 과거에 특허출원 되었던 유사한 발명특허 도면을 확인한다.
- 각 특허 도면간의 차이점과 유사점을 점검한다.
- 특히 입체도(사시도), 단면도, 투상도 등의 형태를 상세하게 보면서, 핵심 아이디어(기술)를 정리정돈 한다.

MEMO

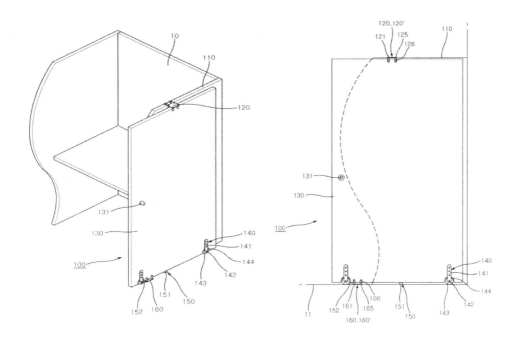

요약

　　본 발명은, 독서실 책상의 측면판(110)을 따라 칸막이판(130)이 독서실 책상의 전방으로 돌출되도록 함으로써, 독서실 책상에 앉아 학습하는 학습자간의 시선을 효율적으로 차단함과 아울러 집중력을 향상시켜 학습효율을 높일 수 있도록 하는 독서실 책상의 칸막이 장치(100)에 관한 것이다.

☞ **특허전문기술용어 해설**
- 전방 : 앞을 향한 쪽(=앞쪽)
- 돌출 : 예기치 못하게 갑자기 쑥 나오거나 불거짐

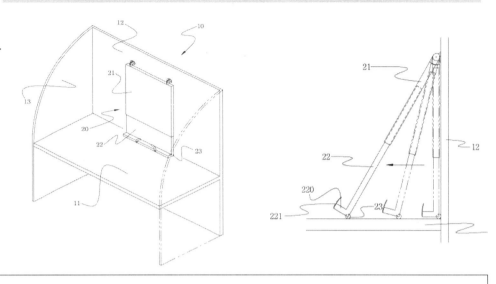

![요약]

　　본 발명은 독서대를 구비하는 독서실용 책상에 관한 것으로서, 즉 본 발명은 책상 전면판(12)에서 상단부를 축으로 상하 방향으로의 회전이 가능하게 축고정되고, 내부는 빈 하향 개방되도록 한 장방형의 가이드판(21)과; 상기 가이드판(21)에 하향 개방된 저면을 통해 슬라이딩 인출입이 가능하게 삽입되고, 상기 가이드판(21)으로부터 하향 인출된 하단부는 전방으로 직각 절곡되도록 하여 거치대(220)를 형성하는 독서판(22)과; 상기 독서판(22)의 상기 거치대(220)가 절곡되는 외측의 절곡 부위를 감싸도록 하며, 미끄러짐이 방지되도록 구비되는 미끄럼 방지구(23)를 포함하는 구성으로서,

　　독서대(20)를 사용하지 않는 경우에는 책상 전면판(12)에 최대한 밀착시켜 구비되도록 함으로써 책상의 공간 활용을 극대화시키고, 독서대(20)를 사용하고자 하는 경우에는 독서판(22)을 가이드판(21)으로부터 인출입시키는 손쉬운 조작에 의해 필요로 하는 거리와 각도에 위치시켜 사용할 수 있도록 함으로써 보관 및 사용의 편의를 제공하도록 하는데 특징이 있다.

☞ **특허전문기술용어 해설**

- 장방 : 너비보다 길이가 길고 큰 방
- 절곡 : 부러져서 굽어짐
- 구비 : 있어야 할 것을 빠짐없이 다 갖춤
- 전방 : 앞을 향한 쪽(=앞쪽)

(3) 독서실용 책상 (등록번호 10-1024600)

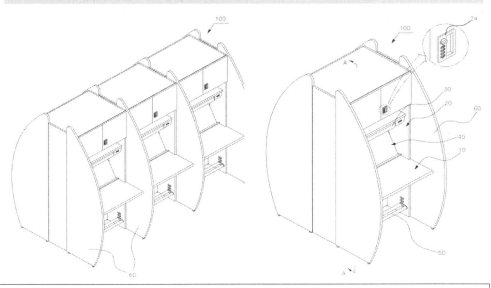

요약

본 발명은, 사용자가 대향하여 착석하는 독서실용 책상에 관한 것으로, 지면과 수직으로 위치하는 테이블중심판(11), 상기 테이블중심판(11)의 양측에 결합되는 테이블측판(12), 및 상기 테이블중심판(11)과 테이블측판(12)의 상측에서 결합되는 테이블상판(13)으로 구성되는 테이블(10)과 상기 테이블중심판(11)과 수직으로 배치되는 파티션중심판(21),

상기 파티션중심판(21)의 양측에 수직으로 결합되는 파티션측판(22), 상기 파티션중심판(21)의 양면으로 상기 파티션중심판(21)의 상부에 대향하는 사용자 별로 각각 설치되고 개폐문에 잠금장치가 설치된 사물함, 및 상기 사물함의 하방으로 배치되는 조명부로 구성되는 파티션부(20)와 상기 테이블측판과 파티션측판(22)에 면접촉하도록 설치되어 인접하는 사용자 내지 통로와 사용자 공간을 분리하는 마감판(60)을 포함하여 이루어지며, 상기 마감판(60)은 두 개 이상의 상기 책상이 구비되어 각 사용자의 책상의 측면이 서로 연속하여 접촉하도록 배치되는 경우 접촉하는 책상의 테이블측판(12)과 파티션측판(22)의 사이 및 최말단에 위치하는 테이블측판(12)과 파티션측판(22)에 각각 면접촉하여 설치된다.

☞ 특허전문기술용어 해설

- 파티션 : 칸막이, 가구, 커튼, 스크린 등으로 실내를 막는 것
- 구비 : 있어야 할 것을 빠짐없이 다 갖춤
- 말단 : 맨 끄트머리

- 마지막으로 step 5의 독서실 책상 발명특허 유사기술을 활용하여, 나만의 새롭고 돈이 되는 발명 아이디어를 구상하는 단계이다.
- 도면을 손으로 그려보는 것이 아이디어 발상에 유리하다.
- 예시된 기존의 발명특허 기술을 참고하면서, 새로운 나의 아이디어를 표현해 본다.

(예 : 각도 조절이 가능한 책상, 등록번호 : 10-0938117)

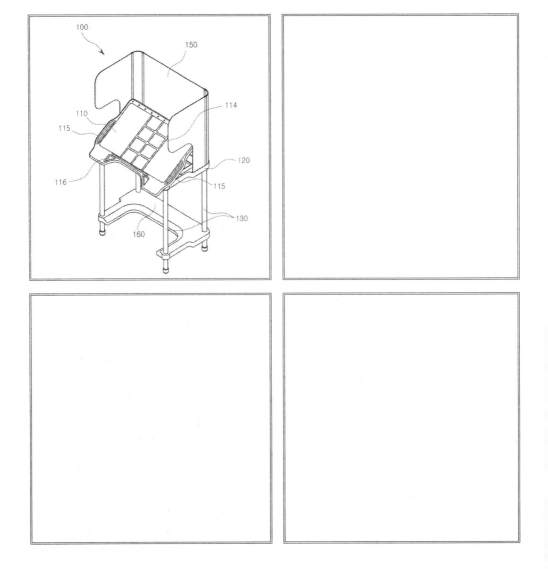

좋은 아이디어란 바퀴가 달린 손수레와 같다. 우리가 그것을 밀지 않으면
아무데도 가지 못한다.

-J. 제이콥슨-

5) 도면의 간단한 설명

(1) 일반 도면구성의 원리

▶ 특허출원의 경우에는 필요한 경우에만 도면을 첨부하도록 하고 있으므로 화학물질
발명과 같이 도면이 불필요하거나 첨부할 수 없을 때에는 첨부하지 않아도 된다.

▶ 물건의 발명에서는 반드시 도면을 첨부하여야 하며, 실용신안등록출원은 물품의
형상 구조에 관한 것이므로 반드시 도면을 첨부하여야 한다.

▶ 종래기술과 당해발명의 기술적 사항이 명확히 나타날 수 있도록 작성하여야 한다.
특히 도면에 나타난 구성이 발명의 목적 및 구성이 일으키는 작용과 관련하여 모
순이 없도록 하여야 한다.

▶ 청구범위의 구성요건이 되는 부분은 그 구성이 도면에 반드시 나타나야 하며, 만
약 청구범위가 상위개념의 용어로 기재되어 있는 경우에는 실시 예로서 기재된 기
술적 사항에 대응되는 부분이 나타나야 한다.

▶ 보통 도면 중에서도 사시도(입체도)는 특허도면으로 유용하다. 그 외 투상도(정면
도 기준으로 필요한 부분 표시), 단면도(절단된 필요부분 표시 : 전단면도, 부분
단면도)가 사용 되며, 이들 도면 간에는 내용이 상호 일치가 요구 된다.

▶ 사시도에서 불분명한 곳이 있으면, 주요부분을 확대한 확대도나 단면도로서 보충
하는 것이 좋다. 확대도는 원리적인 설명 또는 발명의 요지(핵심이 되는 중요한
내용)가 되는 구조를 표시할 경우에 사용된다.

▶ 배치도는 장치 또는 장치의 부품 배열상태를 명확히 할 필요가 있을 때 사용한다.

▶ 공정도는 개략적으로 사용할 수 있으며, 제조, 가공 등의 공정을 표시하며, Flow

chart, 기능 블록도는 블록단위를 기준으로 하여 작성하되 추상적으로 기재되지 않도록 한다.

(2) 도면의 간단한 설명

► 도면 첨부 시 발명 내용 중 무엇을 나타내고 있는지를 쉽게 파악할 수 있도록 기술적 내용의 용어로 표현한다.

► 도면의 주요부분에 대한 부호설명은 주요부분에 사용된, 도면 부호를 설명하여 표기한다.

► 【도면의 간단한 설명】 란에는 첨부한 도면의 각각의 '도' 에 대하여 각 '도'가 무엇을 표시한 것인가를 간단히 기재한다. 이때 도면에 대한 설명은 간결·명료하게 기재하며 가능한 한 명사형으로 종결되도록 한다.

  【예】 도면의 간단한 설명

  • 도 1은 ~~~ 한 평면도
  • 도 2는 ~~~ 를 나타낸 정면도

► 발명의 설명에 '도면' 이 필요하지 아니한 경우에는 【도면의 간단한 설명】 식별 항목을 삭제한다.

► 종래의 기술을 나타내는 도면과 실시 예를 나타내는 도면이 혼재할 경우에는 양자를 명확히 구별할 수 있도록 기재한다.

► 당해 발명 또는 고안의 특징을 잘 나타내는 도면을 제1도로 한다.

(3) 도면 부호 작성 요령

► 도면의 참조부호는 어디에서 설명되고 있는지, 일목요연하게 이해되도록 한다.

► 실시 예가 다른 경우는 다른 참조 부호를 사용한다.

► 도면부호는 구성요소별로, 도면 타이틀에 따른 번호를 부여한다.

► 연속적인 번호사용은 피한다.

► 참조 부호는 아라비아 숫자와 영문 대문자를 사용한다.

불편함을 해소한

드라이버

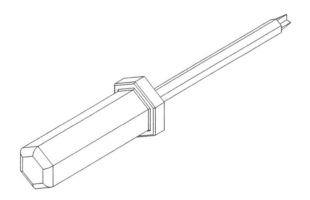

● 나사, 볼트 등의 체결구를 벽체나 소정 물체에 조립 및 해체하기 위해 드라이버를 사용한다.

● 가벼우면서 가격이 저렴하며, 또한 적은 힘으로 나사나 볼트를 용이하게 조이거나 풀 수 있는 드라이버 발명이 요구된다.

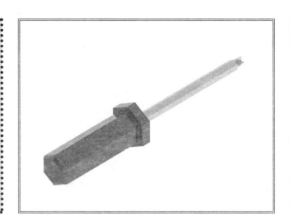

<step 1>
● 미농지(투명지)를 드라이버의 입체도(사시도)위에 놓고, 정확하게 덧그린다.

Step 1

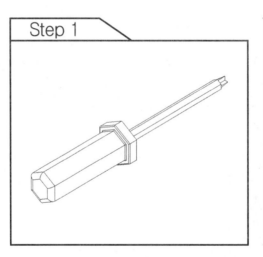

<step 2>
● 드라이버의 입체도(사시도)를 확인한다.

● 입체도(사시도)의 점선을 따라, 2회 반복 덧그린다.

Step 2

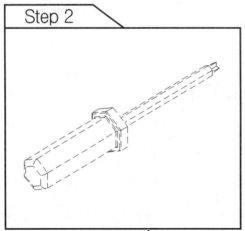

Step 2

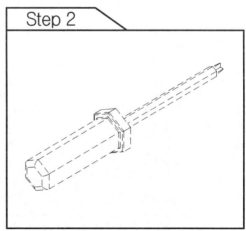

⦿ 모눈종이 위에 드라이버의 입체도(사시도)를 따라 그리면서, 드라이버의 구조 및 위치를
  정확히 파악한다.

사시도

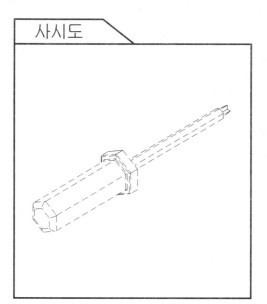

Step 3

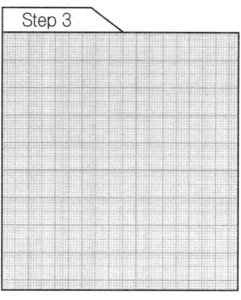

MEMO

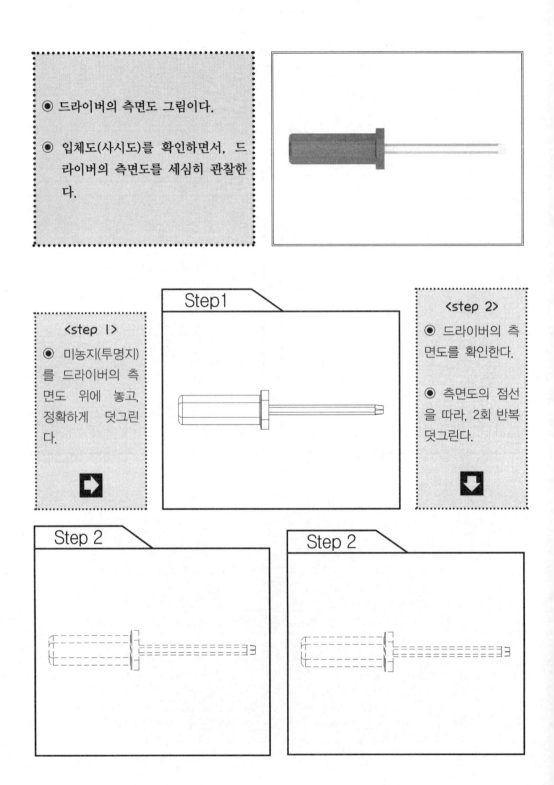

◉ 드라이버의 측면도 그림이다.

◉ 입체도(사시도)를 확인하면서, 드라이버의 측면도를 세심히 관찰한다.

Step1

<step 1>
◉ 미농지(투명지)를 드라이버의 측면도 위에 놓고, 정확하게 덧그린다.

<step 2>
◉ 드라이버의 측면도를 확인한다.

◉ 측면도의 점선을 따라, 2회 반복 덧그린다.

Step 2

Step 2

◉ 모눈종이 위에 드라이버의 측면도를 따라 그리면서, 드라이버의 구조 및 위치를 정확히 파악한다.

측면도

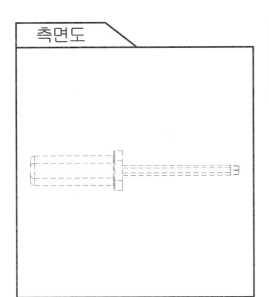

Step 3

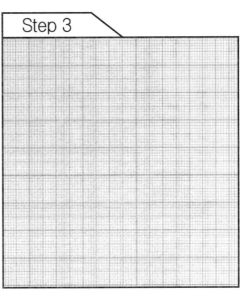

MEMO

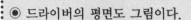
- 드라이버의 평면도 그림이다.

- 입체도(사시도)를 확인하면서 드라이버의 평면도를 세심히 관찰한다.

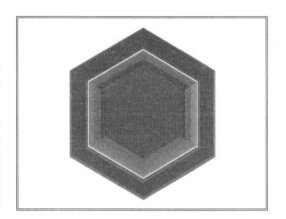

<step 1>
- 미농지(투명지)를 드라이버의 평면도 위에 놓고, 정확하게 덧그린다.

Step1

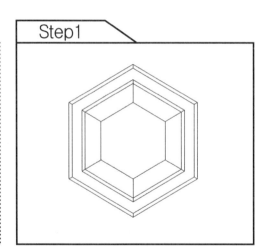

<step 2>
- 드라이버의 평면도를 확인한다.

- 평면도의 점선을 따라, 2회 반복 덧그린다.

Step 2

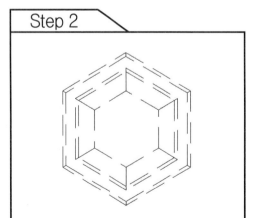

Step 2

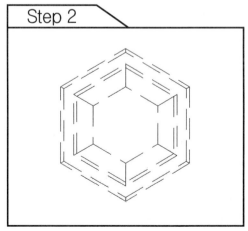

◉ 모눈종이 위에 드라이버의 평면도를 따라 그리면서, 드라이버의 구조 및 위치를 정확히 파악한다.

평면도

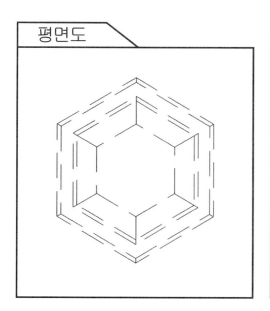

Step 3

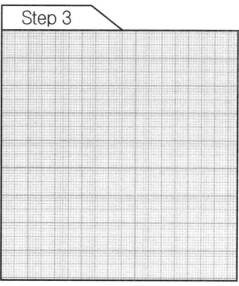

MEMO

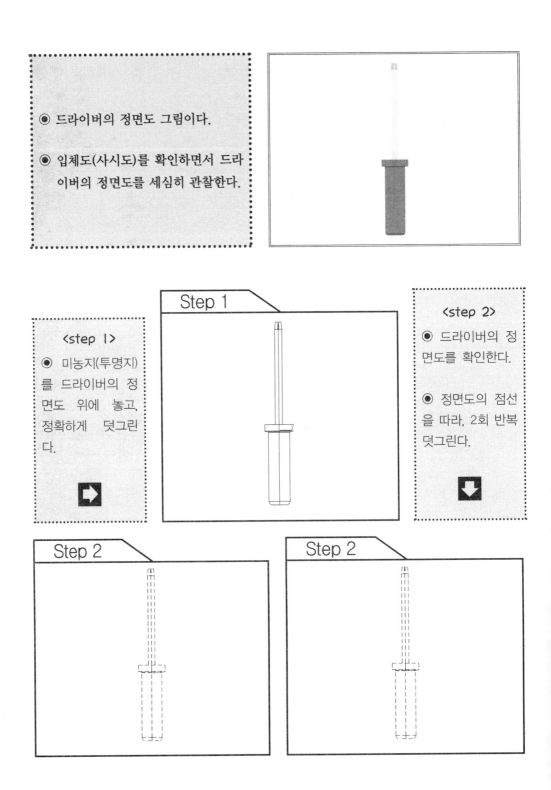

◉ 드라이버의 정면도 그림이다.

◉ 입체도(사시도)를 확인하면서 드라이버의 정면도를 세심히 관찰한다.

Step 1

\<step 1\>
◉ 미농지(투명지)를 드라이버의 정면도 위에 놓고, 정확하게 덧그린다.

\<step 2\>
◉ 드라이버의 정면도를 확인한다.

◉ 정면도의 점선을 따라, 2회 반복 덧그린다.

Step 2

Step 2

◉ 모눈종이 위에 드라이버의 정면도를 따라 그리면서, 드라이버의 구조 및 위치를 정확히
   파악한다.

정면도

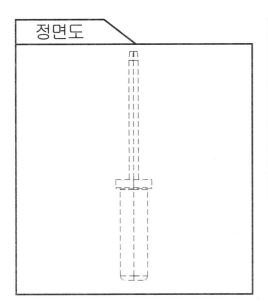

Step 3

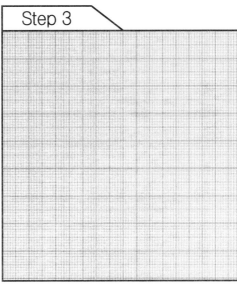

MEMO

◉ 전 단계의 도면을 보지 않고, 입체도(사시도), 정면도, 측면도, 평면도 등을 다시 자유롭게 그려본다.

◉ 이 단계에서는 발명아이디어의 감각을 익히는데 초점을 둔다.

<step 5>

◉ 과거에 특허출원 되었던 유사한 발명특허 도면을 확인한다.

◉ 각 특허 도면간의 차이점과 유사점을 점검한다.

◉ 특히 입체도(사시도), 단면도, 투상도 등의 형태를 상세하게 보면서, 핵심 아이디어(기술)를 정리정돈 한다.

MEMO

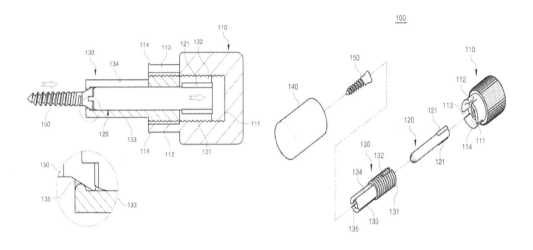

요약

　본 고안은 교정용 스크류(150)를 수납하는 보관 케이스(100)에 의료용 드라이버 (120)를 함께 <u>구비</u>함으로써, 시술시 사용하는 의료용 드라이버(120)와 교정용 스크류 (150)를 위생적이고 안전하게 보관이 가능하고, 시술을 위해 최초 식립시 신속하게 사 용할 수 있는 의료용 드라이버(120)를 <u>구비</u>한 스크류(150) 보관 케이스(100)에 관한 것 이다.

　본 고안에 따른 의료용 드라이버(120)를 <u>구비</u>한 스크류(150) 보관 케이스(100)는, 수 용부가 형성된 하부케이스(110)와, 관통구멍이 형성되고 상기 하부케이스(110)의 수용부 에 <u>타단</u>이 분리 가능하게 결합된 홀더와, 상기 홀더 관통구멍의 <u>타단</u>에서 일단방향으로 삽입되고 회전되지 않도록 고정 설치된 드라이버(120)와, 상기 하부케이스(110)의 수용 부를 수용하고 분리 가능하게 결합되며, 내측에 스크류(150)를 보관하기 위한 수용부가 형성된 상부케이스(140)를 포함하는 것을 특징으로 한다.

☞ 특허전문기술용어 해설
- 구비 : 있어야 할 것을 빠짐없이 다 갖춤
- 타단 : 다른 한쪽 끝

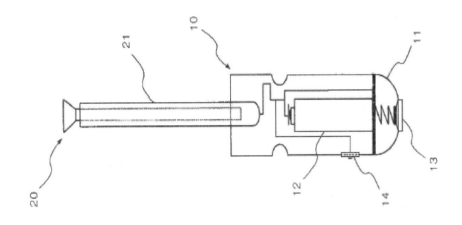

요약

　본 고안은 드라이버로 볼트나 나사못 또는 체결 너트를 풀거나 조일 때에 조명을 발생시켜 어두운 곳에서도 손쉽게 작업을 할 수 있는 액정(21) 발광 드라이버에 관한 것으로서,

　특히 드라이버 촉부(20)에 상단을 제외한 전체를 액정(21)으로 감싸거나 일부분만을 감싸고 손잡이부(10) 내부에 위치한 전지를 통해서 상기 액정(21)에 조명이 들어오게 하여 어두운 곳에서도 손쉽게 작업 대상을 인지하여 세밀함을 필요로 하는 작업에서 보다 정확하게 작업하도록 하는 액정(21) 발광 드라이버에 관한 것이다.

☞ **특허전문기술용어 해설**
- 촉 : 뾰족한 끝
- 인지 : 어떤 사실을 인정하여 앎

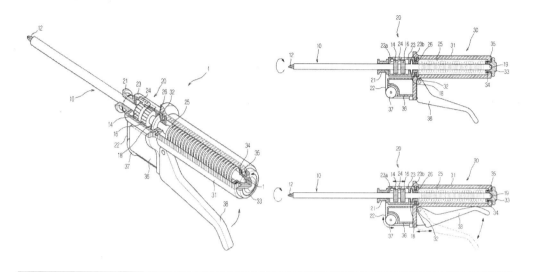

요약

　가벼우면서 가격이 저렴하며, 또한 적은 힘으로 나사나 볼트를 용이하게 조이거나 풀 수 있는 수동 드라이버가 개시된다.

　본 고안에 따른 수동 드라이버는 봉 형상으로 마련되며 일단에 나사나 볼트를 조이거나 풀 수 있는 팁이 마련되어 있는 팁부(10)와, 팁부(10)와 동일축선 상에 마련되는 그립부(31)와 이 그립부(31)에 회동 가능하도록 결합되는 레버(38)로 이루어지는 손잡이부(30)와, 팁부(10)와 그립부(31) 사이에 개재되어 팁부(10)가 그립부(31)에 대해 상대적으로 회전가능하도록 하는 구동부(20)를 포함한다.

　그리고, 구동부(20)는 보빈부(21)와 스트링으로 이루어지되, 스트링은 레버(38)와 일단이 연결되고 타단이 보빈부(21)에 권취되어 있어서, 레버(38)를 당기게 되면 보빈부(21)에 권취된 스트링이 권출되면서 팁부(10)가 회전한다.

☞ 특허전문기술용어 해설

- 회동 : 물체가 회전축의 둘레를 일정한 거리를 두고 도는 운동(=회전운동)
- 개재 : 어떤 것들 사이에 끼여 있음
- 보빈 : 거친 실이나 끈 실 따위를 감는 데 쓰는 통 모양의 실패
- 스트링 : 끈, 줄
- 권취 : 감겨 있는 것
- 권출 : 감겨 있는 것이 풀리는 것

◉ 마지막으로 step 5의 드라이버 발명특허 유사기술을 활용하여, 나만의 새롭고 돈이 되는 발명 아이디어를 구상하는 단계이다.

◉ 도면을 손으로 그려보는 것이 아이디어 발상에 유리하다.

◉ 예시된 기존의 발명특허 기술을 참고하면서, 새로운 나의 아이디어를 표현해 본다.

(예 : 플랙서블 드라이버 선재용 지지구, 출원번호 : 10-2010-0070063)

♋ '열심히 공부하다' 도전 코너

그대는 인생을 사랑하는가? 그렇다면 시간을 낭비하지 말라. 왜냐하면 시간은 인생을 구성한 재료니까. 똑같이 출발하였는데, 세월이 지난 뒤에 보면 어떤 사람은 뛰어나고 어떤 사람은 낙오자가 되어 있다.

이 두 사람의 거리는 좀처럼 접근할 수 없는 것이 되어 버렸다. 이것은 하루하루 주어진 시간을 잘 이용했느냐, 이용하지 않고 허송세월을 보냈느냐에 달려 있다.

-벤자민 프랭클린-

6) 발명의 실시를 위한 구체적인 내용

(1) 실시 예

▶ 해당발명의 기술 분야에 대한 통상의 지식을 가진 자가 그 발명을 재현할 수 있도록 하기 위하여 필요한 경우에는 그 발명의 구성이 실제로 어떻게 구체화되는가를 나타내는 실시 예를 기재한다.

▶ 실시 예는 가장 좋은 결과를 얻는 것이라고 생각되는 것을 가급적으로 여러 종류 기재하고, 필요에 따라 실시 예상의 구체적 숫자에 기인한 사실을 기재한다.

▶ 특허 청구범위를 포괄적으로 기재할 때에는 그 포괄적 기재에 대응되는 개개의 대표적인 실시 예를 기재한다.

▶ 실시 예에는 기초적인 데이터 등도 기재하여야 하며, 필요한 경우에는 비교 예, 응용 예 등도 기재한다. 비교 예는 당해발명과 기술적·시간적으로 가장 가까운 것에 대하여 기재하며 또한 이들의 기재 시에는 실시 예, 비교 예, 응용 예의 차이를 명확히 한다.

► 실시 예를 도면을 이용하여 설명하는 경우에는 대응개소의 도면부호를 기술용어 다음에 (   )를 하여 기재한다.

► 발명이 설계의 변경, 재료의 변경, 용도의 변경, 수치(조성물의 함량, 작업조건에 대한 파라미터)의 한정을 특허 대상으로 하고 있는 경우, 해당발명이 제시하는 진보성을 입증시키는데 각별히 주의하도록 한다.

► 이를 위해서는 가장 양호한 조건에서의 실시 예와 종래의 조건에서의 실시 예의 비교자료를 제시하는 것이 해당 발명 효과의 현저성(기술의 진보성)을 입증하는 유력한 방법이다.

► 실험데이터를 이용하여 설명하는 경우에는 그 발명이 속하는 기술 분야에서 통상의 지식을 가진 자가 용이하게 재현할 수 있을 정도로 시험방법, 시험·측정기구, 시험조건 등을 구체적으로 기재하며, 입수가 곤란한 재료나 소자(장치, 전자 회로 따위의 구성 요소가 되는 낱낱의 부품) 등을 사용하는 경우에는 그 제조방법 또는 입수처를 기재한다.

(2) 산업상 이용가능성
► 산업상 이용가능한 것인지를 이용방법, 생산방법, 사용방법 등을 기술한다.

► 산업상 이용가능성이 유추 가능한 경우는, 별도로 작성이 필요치 않다.

분리수거 및 공간 활용도가 좋은

쓰레기통

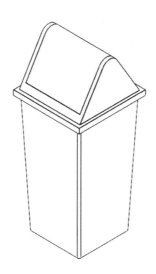

◉ 생활수준이 향상됨에 따라 환경에 대한 관심이 날로 증가하고 있는 가운데, 쓰레기 처리문제가 크게 대두되고 있다.

◉ 간편하게 분리수거할 수 있고, 공간 활용도가 좋으며, 도시의 미관을 해치지 않는 쓰레기통 발명이 절실하다.

<step 1>
◉ 미농지(투명지)를 쓰레기통의 입체도(사시도)위에 놓고, 정확하게 덧그린다.

Step 1

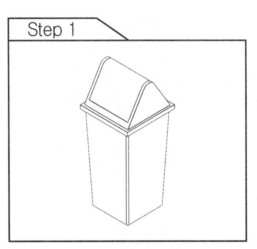

<step 2>
◉ 쓰레기통의 입체도(사시도)를 확인한다.

◉ 입체도(사시도)의 점선을 따라, 2회 반복 덧그린다.

Step 2

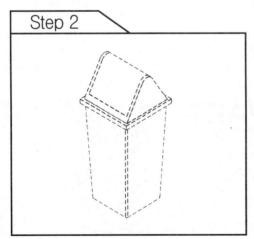

Step 2

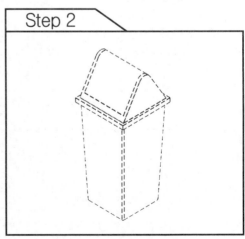

사시도

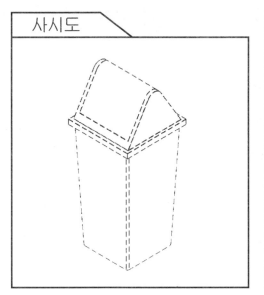

Step 3

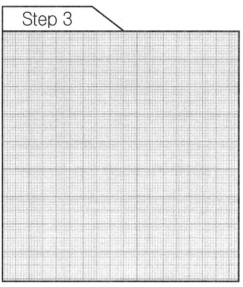

MEMO

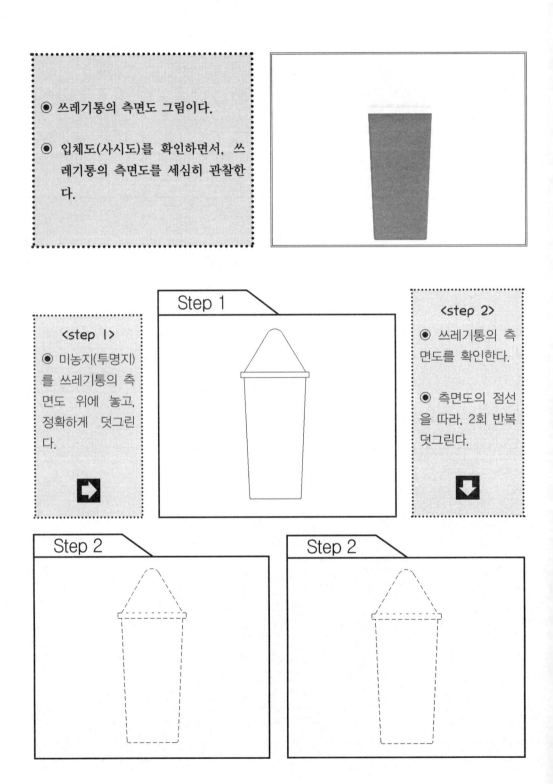

◉ 쓰레기통의 측면도 그림이다.

◉ 입체도(사시도)를 확인하면서, 쓰레기통의 측면도를 세심히 관찰한다.

Step 1

<step 1>
◉ 미농지(투명지)를 쓰레기통의 측면도 위에 놓고, 정확하게 덧그린다.

<step 2>
◉ 쓰레기통의 측면도를 확인한다.

◉ 측면도의 점선을 따라, 2회 반복 덧그린다.

Step 2

Step 2

측면도

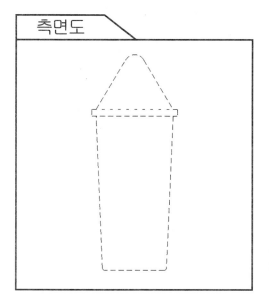

Step 3

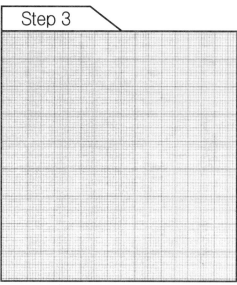

MEMO

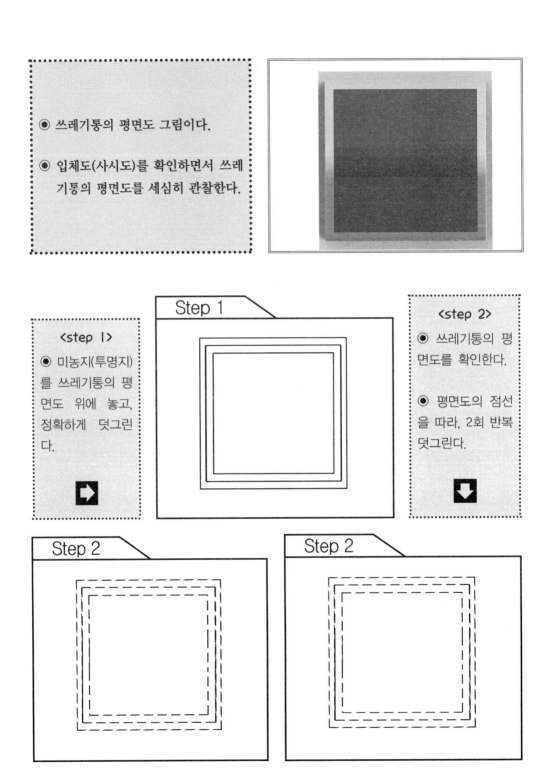

◉ 쓰레기통의 평면도 그림이다.

◉ 입체도(사시도)를 확인하면서 쓰레기통의 평면도를 세심히 관찰한다.

Step 1

<step Ⅰ>

◉ 미농지(투명지)를 쓰레기통의 평면도 위에 놓고, 정확하게 덧그린다.

<step 2>

◉ 쓰레기통의 평면도를 확인한다.

◉ 평면도의 점선을 따라, 2회 반복 덧그린다.

Step 2

Step 2

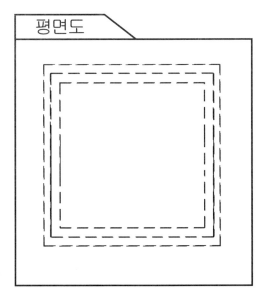

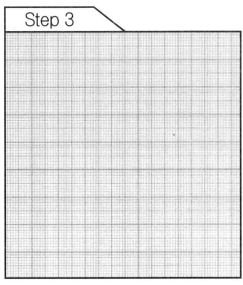

MEMO

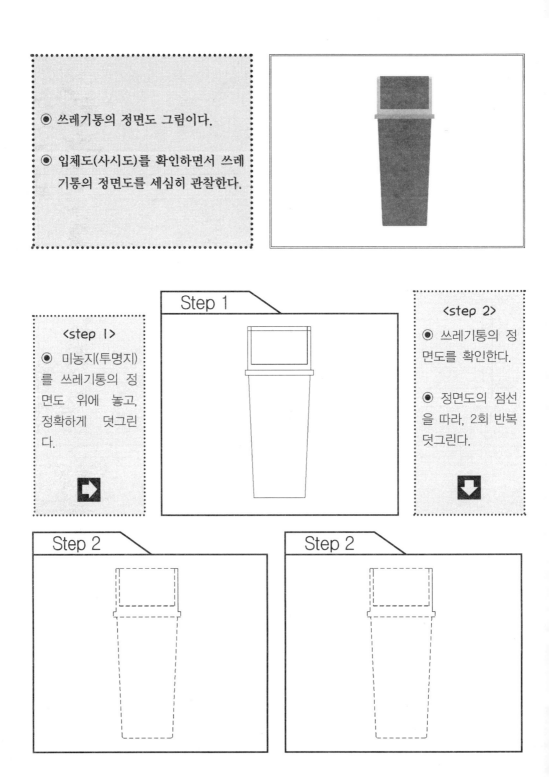

● 쓰레기통의 정면도 그림이다.

● 입체도(사시도)를 확인하면서 쓰레기통의 정면도를 세심히 관찰한다.

Step 1

<step 1>
● 미농지(투명지)를 쓰레기통의 정면도 위에 놓고, 정확하게 덧그린다.

<step 2>
● 쓰레기통의 정면도를 확인한다.

● 정면도의 점선을 따라, 2회 반복 덧그린다.

Step 2

Step 2

◉ 모눈종이 위에 쓰레기통의 정면도를 따라 그리면서, 쓰레기통의 구조 및 위치를 정확히 파악한다.

정면도

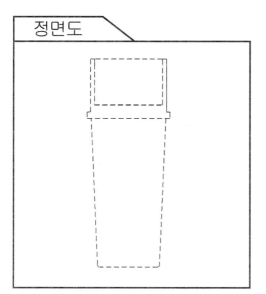

Step 3

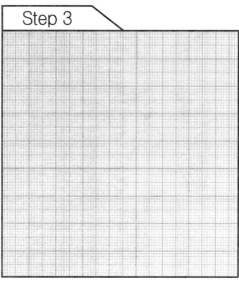

MEMO

◉ 전 단계의 도면을 보지 않고, 입체도(사시도), 정면도, 측면도, 평면도 등을 다시 자유롭게 그려본다.

◉ 이 단계에서는 발명아이디어의 감각을 익히는데 초점을 둔다.

◉ 과거에 특허출원 되었던 유사한 발명특허 도면을 확인한다.

◉ 각 특허 도면간의 차이점과 유사점을 점검한다.

◉ 특히 입체도(사시도), 단면도, 투상도 등의 형태를 상세하게 보면서, 핵심 아이디어(기술)를 정리정돈 한다.

MEMO

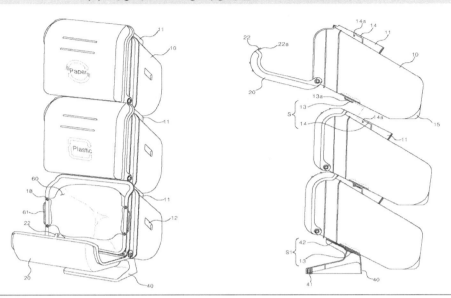

요약

　본 발명은 쓰레기통에 관한 것으로서, 더욱 상세하게는 쓰레기통의 구조를 개조하여 설치공간에 크게 제약을 받지 않으면서도, 각종 쓰레기를 효과적으로 분리하여 모을 수가 있으며, 쓰레기통을 비우는 작업 또한 간편하게 이루어질 수 있는 적층식 쓰레기통에 관한 것이다.

　본 발명의 특징적인 구성은 재활용 쓰레기가 채워지도록 내부에 소정 공간을 형성하며 일측이 개구되고, 측면에는 운반용 회동손잡이(30)가 설치되며 상기 회동손잡이(30) 주변에 일정높이의 회동손잡이(30) 커버벽(11)이 형성된 쓰레기통몸체(10)와, 상기 쓰레기통몸체(10)의 개구된 일측을 소정 개폐부재(20) 회동수단에 의해 회동하며 개폐하는 개폐부재(20)와, 상기 쓰레기통몸체(10)를 측면접촉에 의해 수직으로 적층하기 위한 적층수단과, 상기 적층수단에 의해 상기 쓰레기통몸체(10)를 적층시 상기 쓰레기통몸체(10)를 경사지게 지지하도록 그 상면은 경사지게 형성되어 최하단에 위치하는 쓰레기통몸체(10)에 소정 받침대 탈부착수단에 의해 탈부착되는 받침대로 구성되어 이루어지는 것을 특징으로 한다.

☞ 특허전문기술용어 해설

• 적층 : 층층이 쌓임　　　• 소정 : 정해진 바　　　• 일측 : 장치 등의 한 면
• 회동 : 물체가 회전축의 둘레를 일정한 거리를 두고 도는 운동(=회전운동)
• 부재 : 골조를 구성하는 기둥이나 보, 지붕틀 구조 등의 막대 모양의 재료

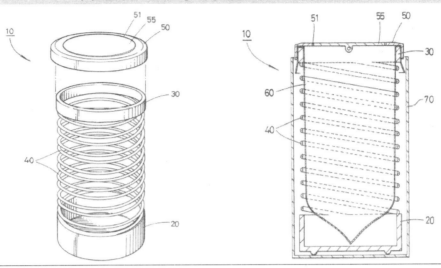

요약

　　본 고안은, 압축 가능한 쓰레기통(10)에 관한 것으로서, 상부가 개구된 베이스부재(20)와; 상기 베이스부재(20)와 소정 거리를 두고 마련되며 상부가 개구된 상부 테두리부재(30)와; 상기 베이스부재(20)와 상기 테두리부재(30)를 연결하며 휴지통의 외면 프레임을 형성하도록 적어도 하나 이상으로 마련되는 코일스프링(40)과; 투입구(51)와, 상기 투입구(51)를 개폐하는 개폐도어(55)가 설치되며 상기 테두리부재(30)에 덮여지는 덮개(50)를 포함하는 것을 특징으로 한다.

　　이에 의해, 한 번의 사출로 제조가 용이한 이점과 아울러, 종래와 달리 나선형 주름 관 형태의 외벽을 별도로 가지고 있지 않기 때문에 제조비용이 저렴하며, 비교적 큰 부피를 갖고 악취 등이 발생하지 않는 쓰레기 등은 봉투(60)를 사용할 필요가 없다는 이점이 있을 뿐만 아니라, 내벽을 형성하고 있지 않기 때문에 쓰레기 찌꺼기 및 오염물질 등으로 인해 쓰레기통(10)의 내벽이 더럽혀지는 것을 미연에 방지할 수 있으며, 별도의 외부통(70)을 마련하고 있어서 쓰레기의 유출을 방지하고, 쓰레기통(10)의 미관을 저해하는 것을 방지할 수 있으며, 적어도 하나 이상의 코일스프링(40)으로 형성함으로써 장기간 사용하여도 코일스프링(40)의 탄력성이 저하되지 않는 효과가 있다.

☞ 특허전문기술용어 해설

- 부재 : 골조를 구성하는 기둥이나 보, 지붕틀 구조 등의 막대 모양의 재료
- 사출 : 원하는 모양의 틀(몰드) 안으로 완전히 녹은 뜨거운 플라스틱을 고압으로 주사(인젝션)하여 순간적으로 식으면 몰드가 열리고 제품이 튀어나오는 방법
- 종래 : 일정한 시점을 기준으로 이전부터 지금까지에 이름 또는 그런 동안

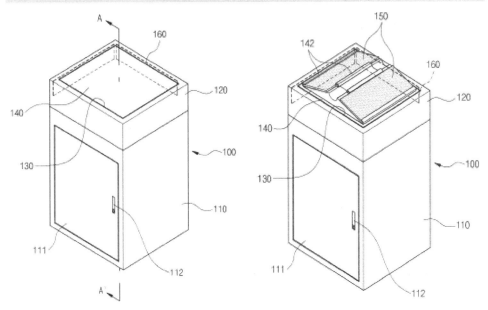

요약

  본 발명은 간단한 구성으로 가정이나 공공장소 등에 구비되어 쓰레기를 임시 보관하여 처리하는 쓰레기통의 고유기능에 더하여 쓰레기통 내부에 구비되는 기능성 패널(150)의 악취 원인 물질을 흡착 분해하여 악취를 제거시키는 탈취 및 소취 작용과 제습. 항균 작용 등이 부가되는 복합 작용으로 냄새와 세균 등에 노출되어 있는 쓰레기통을 항상 청결하고 위생적으로 유지시킬 수 있어 사용자 편의성이 대폭 향상된 환경친화적 기능성 위생 쓰레기통에 관한 것으로서,

  통상의 쓰레기통 기본 구조에 다공성 다기능의 악취 흡착 및 분해 제거 기능성 패널(150)을 쓰레기통 내부 곳곳에 다수 개 착탈식으로 장착하여 악취를 흡착 분해 제거하는 기능 구조를 부가하여 쓰레기통에서 발생하는 악취가 쓰레기통 외부로 방출되기 전에 밀폐된 쓰레기통 속에서 효율적으로 탈취 및 분해 제거하는 방법으로 악취발생을 방지하고 동시에 탈취 및 소취 작용과 제습. 항균 작용 등의 복합 기능 환경친화적 기능 구조의 기능성 쓰레기통을 형성한다.

☞ 특허전문기술용어 해설

- 패널 : 벽널 따위의 건축용 널빤지
- 착탈 : 붙이거나 뗌
- 소취 : 악취를 없앰

◉ 마지막으로 step 5의 쓰레기통 발명특허 유사기술을 활용하여, 나만의 새롭고 돈이 되는 발명 아이디어를 구상하는 단계이다.

◉ 도면을 손으로 그려보는 것이 아이디어 발상에 유리하다.

◉ 예시된 기존의 발명특허 기술을 참고하면서, 새로운 나의 아이디어를 표현해 본다.

(예 : 쓰레기봉투 고정 거치식 쓰레기통, 등록번호 : 10-0740137)

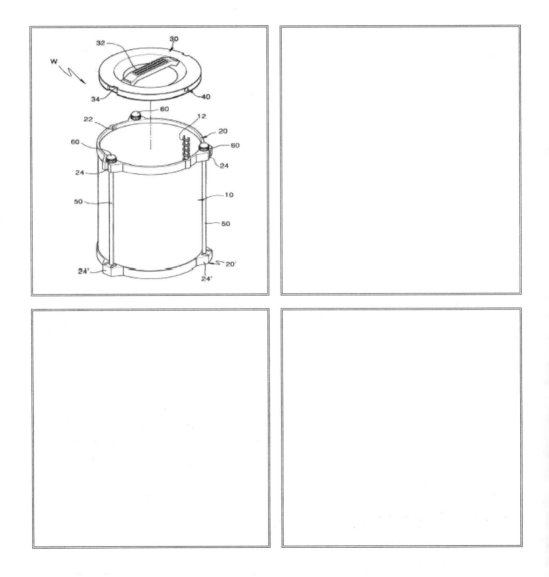

> 배우는 바가 적은 사람은 들에서 쟁기를 끄는 늙은 소처럼 몸에 살이 찔 지라도 지혜는 늘지 않는다.
>
> -법구경-

7) 특허청구범위

▶ 특허발명의 보호범위는 특허청구범위에 의해서 정해지며 특허청구범위는 ① 발명의 상세한 설명에 의하여 뒷받침되어야 하고, ② 명확하고 간결하게 기재되어야 하며, ③ 발명의 구성에 없어서는 아니 되는 사항만으로 기재하여야 한다.

▶ 특허청구범위는 일반적으로 발명을 명확하게 특징짓도록 단일 문장으로 구성한다. 다만 발명의 이해에 도움이 되는 경우에는 다수의 개조식(글을 쓸 때에, 앞에 번호를 붙여 가며 짧게 끊어서 중요한 요점이나 단어를 나열하는 방식)문장으로도 기재할 수 있다.

▶ 청구항에 기재된 발명의 카테고리가 명확해야 하며 하나의 청구항에 2 이상의 발명이 기재되어 있어서는 안 된다.
　　【예】 (잘못 된 예) ········으로 이루어지는 ··········· 장치 또는 방법

▶ 발명의 기술적 특징에 대한 이해를 돕기 위해 도면의 인용부호를 특허청구 범위에 기재할 수 있다.

▶ 청구항에는 발명의 상세한 설명에 충분히 설명된 내용만으로 기재하여야 하며 상세한 설명과 청구항에 기재된 발명 상호간에 용어가 통일되어야 한다.

► 원칙적으로 청구항에 다음의 예와 같이 발명의 구성을 불명확하게 하는 표현이 기재되어 있어서는 안 된다.

【예】 •「소망에 따라」,「필요에 따라」,「특히」,「예를 들어」,「및/또는」 등의 자구(字句)와 함께 임의 부가적 사항 또는 선택적 사항
     •「주로」,「주성분으로」,「주공정으로」,「적합한」,「적량의」,「많은」,「높은」, 「대부분의」,「거의」,「대략」,「약」 등 비교의 기준이나 정도가 불명확한 표현
     •「 … 을 제외하고」,「 … 이 아닌」과 같은 부정적 표현
     • 수치한정발명에서「 … 이상」,「 … 이하」와 같이 상한이나 하한이 불명확한 수치한정,「0~10%」와 같이 0을 포함하는 수치한정, 또는「120~200℃, 바람직하게는 150~180℃」와 같이 하나의 청구항내에서 이중으로 수치한정을 하는 표현

► 청구항에 상업상의 이점이나 판매지역, 판매처 등 발명의 구성과 관계가 없는 사항이 기재되어 있어서는 안 되며, 청구항에 목적, 작용, 효과만 기재하고 구성에 대한 기재를 생략해서는 안 된다.

► 【특허청구범위】의【청구항】란에는 다른 청구항을 인용하지 않는 독립청구항(이하 ‘독립항’ 이라 한다)을 기재하고, 그 독립항을 한정하거나 부가하여 구체화하는 종속청구항(이하 ‘종속항’ 이라 한다)을 기재할 수 있다. 이 경우 필요한 때에는 그 종속항을 한정하거나 부가하여 구체화하는 다른 종속항을 기재할 수 있다.

► 독립항과 종속항에는 기재순서에 따라 아라비아숫자로 일련번호를 붙여야하며, 청구항마다 행을 바꾸어 기재한다. 또한 독립항 또는 다른 종속항을 인용하는 종속항은 인용되는 독립항 또는 타 종속항보다 먼저 기재할 수 없다.

【예】【청구항 1】
    ………………………… (독립항)

【청구항 2】

　제1항에 있어서 ……… (종속항)

【청구항 3】

　제2항에 있어서 ……… (종속항의 종속항)

(1) 특허청구범위의 작성요령

　► 특허출원서에는 발명자에게 귀속되어야 할 권리를 모두 보장해 줄 수 있는 청구항들을 기재해야 한다. 또한 범위가 다른 청구항들이 모두 기재되어야 한다.

　► 상업적으로 중요성이 없거나 사소하고 경쟁자에게 쉽게 회피될 수 있는 사항(전자부품이나 기계부품의 규격 등 단순한 설계변경)들은 언급할 필요가 없다.

　► 실질적으로 침해품이 발생되는 경우를 상정(토의할 안건을 회의석상에 내어 놓음)하여 청구범위의 표현형식(좁은 의미의 카테고리)을 달리하는 다양한 독립항을 작성하여야 한다.

(2) 구성요소 작성요령 [1)]

　► 일반적으로 구성요소들이 결합된 청구항 발명의 경우 그 발명이 어떠한 구성요소로 이루어지는지 그 구성요소들이 어떻게 구조적, 물리적 또는 기능적으로 서로 작용하여 발명을 이루는지를 청구항에 기재한다.

　► 구성요소는 기구, 물건 또는 기계의 주요 구조적 구성, 공정의 단계 또는 물질의 조성의 성분들로 이루어진다. 청구항의 작성이란 청구항 발명을 이루는 구성요소의 명칭을 명명하고, 그 구성요소의 단일 성질이나 기능, 다른 구성요소와의 결합관계를 규명하는 작업이다.

---

1) 한국전자정보통신산업진흥회 특허지원센터, 특허정보검색실무Manual, 승림D&C, 2009, P.27~28

► 일반적인 명칭이 있는 경우에는 그 명칭을 사용하되 적절한 명칭이 없는 경우에는 기능작용적인 용어에 '~부', '~유닛', '~수단'과 같은 단어를 결합하여 구성요소의 명칭을 정하거나 임의로 새로운 용어로서 명명할 수 있다.

► 동일한 구성요소를 언급할 때에는 명명된 명칭을 통일하여 사용하여야 한다. 하나의 청구 항내에서 처음 언급되는 경우 그 구성요소의 명칭만을 기재하고, 그 구성요소를 언급한 이후에 다시 그 청구항내에서 다시 언급할 때에는 '상기' 또는 '전기'를 먼저 기재하고 구성요소의 명칭을 기재한다.

8) 요약서

► 간단명료하게, 본 발명이 기술 분야, 해결방법 및 용도 등을 기술정보 제공역할 차원에서 간략히 서술한다.

► 요약서에 필요한 경우에는 '대표도' 에서 사용한 부호를 사용할 수 있으며, 주요한 기술적 특징으로서 '대표도' 에 기재되어 있는 것을 요약서에 기재하는 경우에는 ( )에 인용부호를 붙인다.

► 【색인어】 란에는 주요색인어를 5개 이상 10개 이하로 기재하되, 필요시 명세서에 없는 용어도 사용가능하다. 기술 분야에서 관용적(습관적으로 쓰는 것)으로 사용하는 외국용어는 발음표기대로 기재한다.

► '상기' 등의 용어는 가능한 한 사용치 않는다.

휴대보관 및 사용이 편리한

필기구

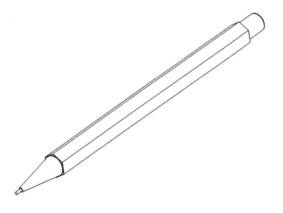

PART 11

◉ 필기구는 축 부분의 재질 및 특성에 따라, 연필(샤프), 만년필, 볼펜, 수성펜, 유성펜, 중성펜 등으로 구분한다.

◉ 휴대 보관이 용이하면서 사용이 편리한 필기구 발명이 요구된다.

◉ 특히 경제성이 높은 필기구 발명은 중요하다.

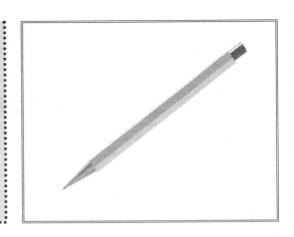

Step 1

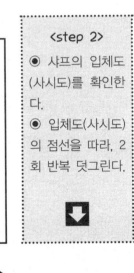

<step 1>
◉ 미농지(투명지)를 샤프의 입체도(사시도)위에 놓고, 정확하게 덧그린다.

<step 2>
◉ 샤프의 입체도(사시도)를 확인한다.
◉ 입체도(사시도)의 점선을 따라, 2회 반복 덧그린다.

Step 2

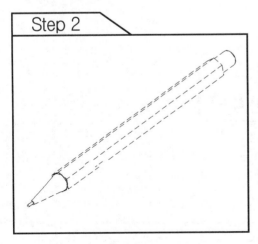

Step 2

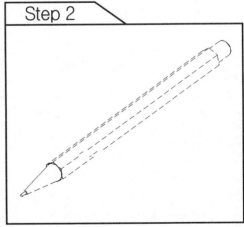

◉ 모눈종이 위에 샤프의 입체도(사시도)를 따라 그리면서, 샤프의 구조 및 위치를 정확히 파악한다.

사시도

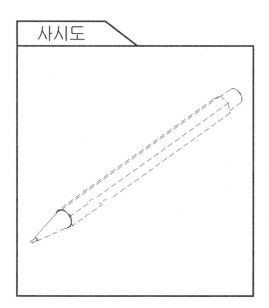

Step 3

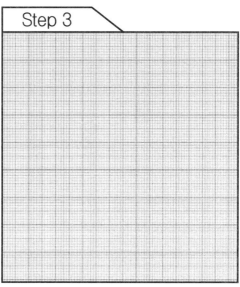

MEMO

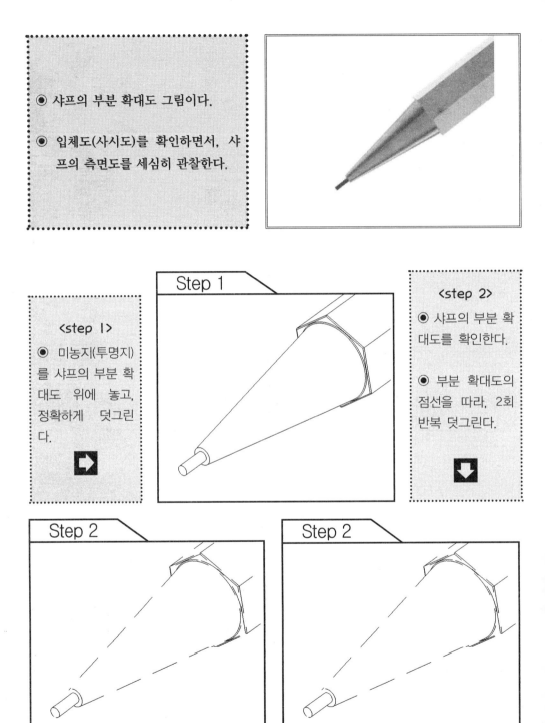

- 샤프의 부분 확대도 그림이다.

- 입체도(사시도)를 확인하면서, 샤프의 측면도를 세심히 관찰한다.

Step 1

<step 1>
- 미농지(투명지)를 샤프의 부분 확대도 위에 놓고, 정확하게 덧그린다.

<step 2>
- 샤프의 부분 확대도를 확인한다.

- 부분 확대도의 점선을 따라, 2회 반복 덧그린다.

Step 2

Step 2

◉ 모눈종이 위에 샤프의 부분 확대도를 따라 그리면서, 샤프의 구조 및 위치를 정확히 파악한다.

부분확대도

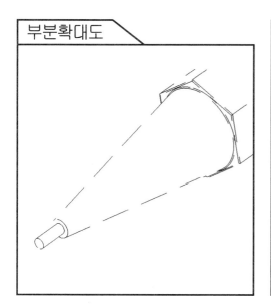

Step 3

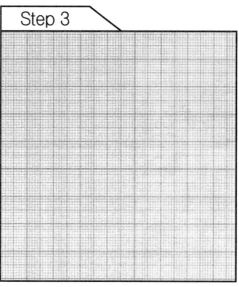

MEMO

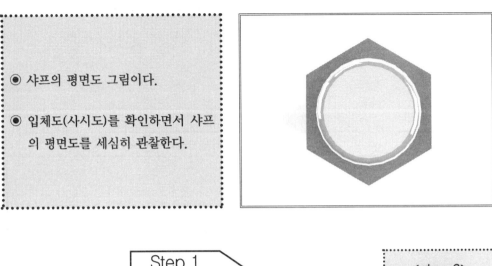

● 샤프의 평면도 그림이다.

● 입체도(사시도)를 확인하면서 샤프
의 평면도를 세심히 관찰한다.

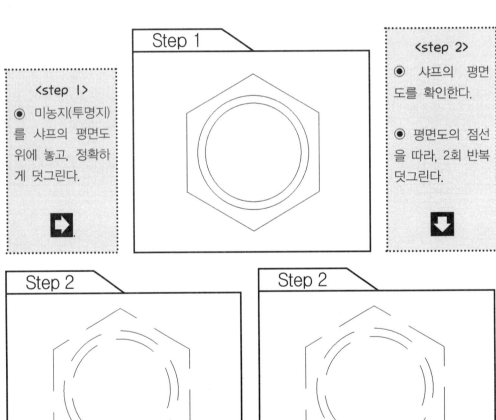

Step 1

\<step 1\>
● 미농지(투명지)
를 샤프의 평면도
위에 놓고, 정확하
게 덧그린다.

\<step 2\>
● 샤프의 평면
도를 확인한다.

● 평면도의 점선
을 따라, 2회 반복
덧그린다.

Step 2

Step 2

평면도

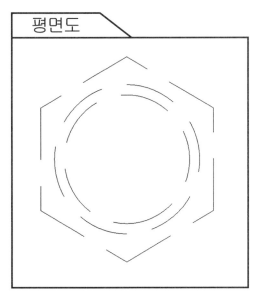

Step 3

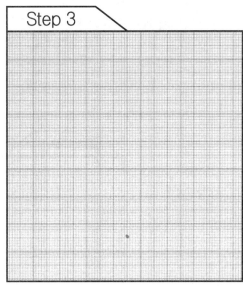

MEMO

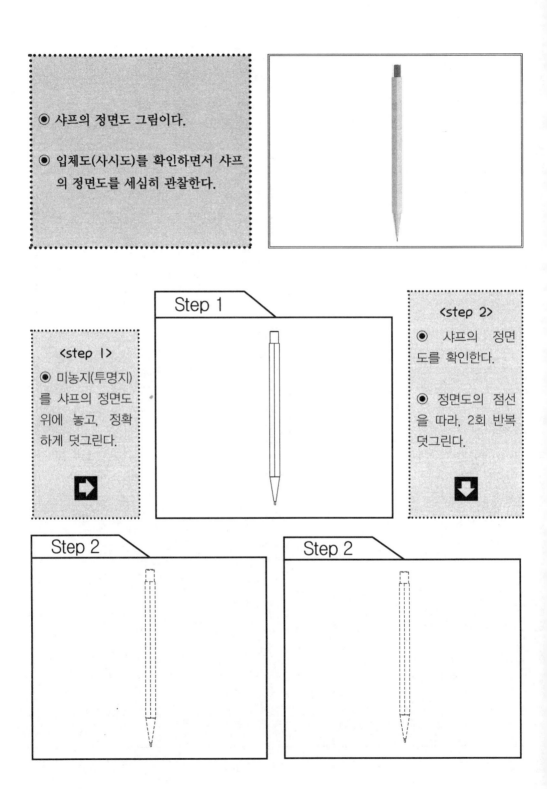

◉ 샤프의 정면도 그림이다.

◉ 입체도(사시도)를 확인하면서 샤프의 정면도를 세심히 관찰한다.

Step 1

＜step 1＞
◉ 미농지(투명지)를 샤프의 정면도 위에 놓고, 정확하게 덧그린다.

＜step 2＞
◉ 샤프의 정면도를 확인한다.

◉ 정면도의 점선을 따라, 2회 반복 덧그린다.

Step 2

Step 2

◉ 모눈종이위에 샤프의 정면도를 따라 그리면서, 샤프의 구조 및 위치를 정확히 파악한다.

정면도

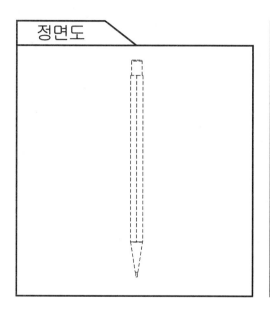

Step 3

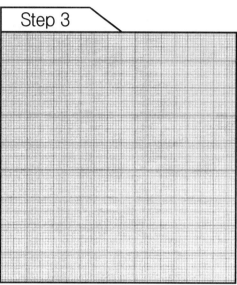

MEMO

◉ 전 단계의 도면을 보지 않고, 입체도(사시도), 정면도, 측면도, 평면도 등을 다시 자유롭게 그려본다.

◉ 이 단계에서는 발명아이디어의 감각을 익히는데 초점을 둔다.

```
<step 5>
```

◉ 과거에 특허출원 되었던 유사한 발명특허 도면을 확인한다.

◉ 각 특허 도면간의 차이점과 유사점을 점검한다.

◉ 특히 입체도(사시도), 단면도, 투상도 등의 형태를 상세하게 보면서, 핵심 아이디어(기술)를 정리정돈 한다.

MEMO

(1) 확대경이 형성된 필기구 (등록번호 20-0436728)

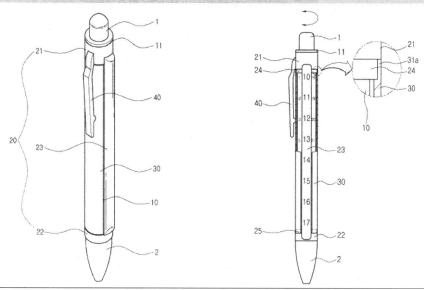

요약

　　본 고안은 필기구의 몸체(10) 외주측면에 형성된 작은 인쇄문을 확대하여 볼 수 있도록 바(bar)형태의 확대경(23)이 형성되어 사용자의 간편한 조작만으로 한번에 많은 인쇄문의 확대식별이 가능하고, 커버(30)에 의해 인쇄문을 보존함과 동시에 충격 등에 의한 파손을 방지할 수 있으며, 외관이 보다 미려하고 동시에 다양한 외관디자인을 연출할 수 있어 상품성을 높일 수 있는 확대경(23)이 형성된 필기구에 관한 것이다.

　　본 고안은 내부에 필기심(3)을 수용하는 몸체(10)와, 몸체(10)의 상단부에서 필기심(3)을 탄력적으로 이동시키는 터치캡(1)과, 몸체(10)의 하단부에서 필기심(3)을 지지하는 선단지지부(2)를 포함하는 필기구에 있어서, 외주측면에 작은 인쇄문이 형성된 몸체(10)와, 링형상으로 몸체(10)의 상단부가 내측으로 회전가능하게 끼움결합되며 몸체(10)의 하단부방향의 단부에는 외주면을 따라 제1끼움부(24)가 형성된 상부회전부재(21)와, 링형상으로 몸체(10)의 하단부가 내측으로 회전가능하게 끼움결합되며 제1끼움부와 대면하는 방향의 단부에는 외주면을 따라 제2끼움홈(25)이 형성된 하부회전부재(22)와, 양단부가 상부회전부재(21)와 하부회전부재(22)에 일체로 연결되고 인쇄문을 확대하여 보이게 하는 확대경(23)으로 이루어진 확대부재(20)를 포함하는 것을 특징으로 한다.

☞ 특허전문기술용어 해설

- 외주 : 바깥쪽의 둘레
- 단부 : 끊어지거나 잘라진 부분
- 부재 : 골조를 구성하는 기둥이나 보, 지붕틀 구조 등의 막대 모양의 재료
- 선단 : 앞쪽의 끝

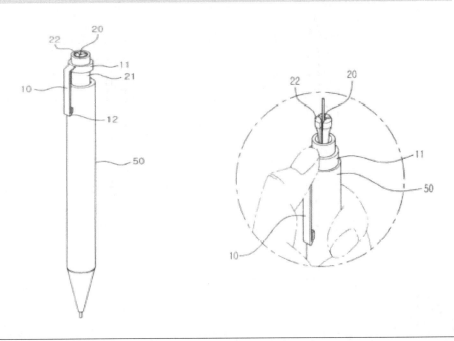

요약

본 발명은 샤프연필에 관한 것으로서, 보다 구체적으로는 <u>가압손잡이연결부(11)</u>와 <u>가압손잡이절곡부(12)</u>가 연결되어 구성되는 <u>가압손잡이부(10)</u>; 슬라이더(21)와 척(22)으로 구성되는 샤프심투입조절부(20); 심통(30) 및 스프링(40)으로 구성되어,

샤프 후단부의 뚜껑을 여는 불편함 없이 샤프심을 투입할 수 있고, 뚜껑이 없이도 샤프심이 외부로 빠져 나오지 않도록 함으로써 샤프심의 공급을 용이하게 할 수 있는 샤프연필에 관한 것이다.

☞ 특허전문기술용어 해설

- 가압 : 압력을 가함
- 척 : 느슨하게 휘어지거나 늘어진 모양

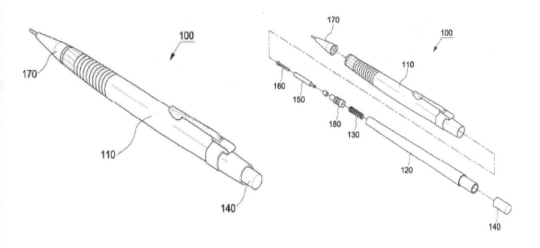

요약

본 고안은 샤프심이 수납되어지는 샤프심파이프의 내벽면 둘레에 샤프심이 점 접촉될 수 있도록 정전기방지돌기를 형성하게 됨으로 샤프심이 샤프심파이프 내의 정전기로 인해 샤프심파이프 내벽면에 달라붙지 않게 되어 사용의 편리성을 향상시킬 수 있도록 한 샤프심의 인출이 용이한 샤프펜슬에 관한 것이다.

이를 위하여 본 고안은 필기관(20)의 상부에 결합된 <u>노브</u>(50)를 누름에 따라 샤프심파이프(30) 내에 수납된 샤프심(L)이 캡(80)의 하부를 통해 <u>인출</u>되도록 하는 샤프펜슬에 있어서, 상기 샤프심파이프(30)의 내벽면 둘레에 샤프심(L)이 샤프심파이프(30)에 점 접촉되어 정전기가 발생하여도 수납되는 샤프심(L)이 샤프심파이프(30)로부터 쉽게 떨어질 수 있도록 정전기방지돌기(31)가 형성되며, 상기 샤프심파이프(30)의 일끝단 내부에 샤프심파이프(30) 내부로 지지관(60)이 일정 깊이만큼 결합되어 샤프심(L)이 항상 일정한 길이로 정확하게 <u>인출</u>될 수 있도록 지지관(60)이 걸리게 되는 걸림턱(32)이 형성된 것을 특징으로 한다.

☞ 특허전문기술용어 해설
• 노브 : 모양이 둥글며 손으로 잡고 돌려서 여닫는 문손잡이
• 인출 : 끌어서 빼냄

◉ 마지막으로 step 5의 샤프 발명특허 유사기술을 활용하여, 나만의 새롭고 돈이 되는 발명. 아이디어를 구상하는 단계이다.

◉ 도면을 손으로 그려보는 것이 아이디어 발상에 유리하다.

◉ 예시된 기존의 발명특허 기술을 참고하면서, 새로운 나의 아이디어를 표현해 본다.

(예 : 교정용 필기구 홀더, 출원번호 : 10-2004-0000031)

☞ '열심히 공부하다' 도전 코너

한 마리의 개미가 한 알의 보리를 물고 담벼락을 오르다가 예순아홉 번을 떨어지더니, 마침내 일흔 번째 목적을 달성하는 것을 보고 용기를 회복하여 드디어 적과 싸워 이긴 옛날의 영웅 이야기가 있다. 동서고금에 걸쳐서 변치 않는 성공의 비결이다.

-스코트-

▣ 특허출원 및 심사

1) 특허출원

▶ 특허를 받을 수 있는 권리자가 국가에 대해 발명을 공개하는 대신 특허권의 부여를 요구하는 행위이다.

▶ 발명자가 출원서를 제출하면 출원번호가 부여되고 그날 기준으로 선출원의 지위가 확정된다. 또한 특허권의 존속기간, 출원공개 및 심사청구기간의 기산일이 된다.

2) 특허출원에 필요한 서류

▶ 특허를 받고자 하는 자는 특허출원서를 특허청장에게 제출하여야 하며, 특허출원서에는 명세서와 필요한 도면 및 요약서를 첨부하여야 하고, 출원서의 제출 시 수수료(출원료)를 납부하여야 한다.

▶ 특허출원서에는 출원인의 성명 및 주소, 대리인이 있는 경우 대리인의 성명 및 주소, 발명의 명칭, 발명자의 성명과 주소를 기입한다.

► 특허명세서는 특허를 받고자하는 발명의 기술적인 내용을 문장을 통해 명확하고 상세하게 기재한 서면이다.

► 특허명세서에는 발명의 명칭, 도면의 간단한 설명, 발명의 상세한 설명, 특허청구 범위를 기재해야 한다.

► 도면이 필요할 경우 기술내용을 도시하여 발명을 명확히 표현한다.

► 요약서에는 발명의 내용을 요약 정리한다. 기술정보로 활용된다.

3) 출원절차

► 특허출원을 하고자하는 개인 및 법인은 먼저 특허청에 출원인코드 부여신청(인장 날인 필수)을 하여 교유번호를 부여받아야 한다.

► 출원인코드 신청방법은 온라인 신청(특허청 '특허로' 홈페이지 방문), 방문신청(특허청 고객서비스센터, 서울 사무소 민원실) 등이 있다.

► 온라인상으로 특허 및 실용신안 출원 시에는 출원서1통, 요약서1통, 명세서 1통, 도면 1통이 필요하다. 방법특허인 경우에는 도면이 생략가능 하다. 단, 실용신안은 반드시 도면이 요구된다.

► 서면 출원인 경우 온라인 출원 시 제출하는 동일한 서류를 각 2부씩 제출한다.

► 대리인의 경우 대리권 증명서류 1통이 필요하며, 미성년자등 무능력자가 법정대리인에 의해 출원하는 경우 주민등록등본 또는 호적등본 1통을 준비해야 한다.

► 출원관련 서류 제출은 방문접수, 우편접수, 온라인 출원 방법이 있다.

► 수수료 납부는 우편 접수인 경우는 수수료를 통상환(우체국 발행)으로 교환하여 출원서류와 같이 특허청에 제출한다. 방문접수 또는 온라인 출원인 경우는 접수증의 접수번호를 특허청 소정의 영수용지에 납부자 번호를 기재하여 특허출원한 다음날까지 전국 국고수납은행 및 온라인(www.giro.or.kr)으로 납부한다.

4) 특허 심사 [2]

► 특허출원에 대해 그 방식과 내용을 심사하여 특허부여 여부를 결정하는 심사관의 행위를 말한다.

► 우리나라는 특허출원이 필요한 요건을 모두 구비했는지를 심사한 뒤 특허부여 여부를 결정하는 심사주의를 택하고 있다.

► 권리의 신뢰성 및 부실특허의 예방함으로써 특허분쟁을 사전에 방지 할 수 있다는 점에서 심사주의가 유리하다. 반면 권리화가 지연되는 문제점도 있다.

(1) 출원공개제도

► 출원공개제도는 일정기간이 경과하면 심사와 관계없이 출원 내용을 공개함으로써, 중복투자 및 중복연구를 방지하고 산업발전에 기여하기 위해 도입된 제도이다.

► 출원 공개의 시기는 특허출원일로부터 1년 6개월이 경과된 때이다.

► 출원의 내용이 공개되면 발명의 내용이 일반에게 알려져 누구나 실시 가능해진다. 이에 따른 제도적 보호 장치로 출원인은 출원공개 후 설정 등록 시 까지 업으로 무단으로 실시한 자에게 보상금 청구권을 갖는다.

---

2) 신혜은, 특허법의 이론과 실무, 진원사, 2011, pp203~213.

(2) 심사청구제도

► 특허권을 취득하고자 하는 출원만을 선택적으로 심사한다.

► 출원일부터 5년 이내에 심사청구가 있는 특허출원에 한해 심사하며, 심사청구가 없으면 그 출원은 취하된다.

(3) 우선심사제도

► 출원공개 후 특허 출원인이 아닌 자가 업으로써 특허 출원된 발명을 실시하고 있는 경우나 또는 긴급처리가 필요한 경우에는, 심사청구 순서에 관계없이 타 출원에 우선하여 심사를 청구 할 수 있다.

5) 보정제도 [3]

명세서 또는 특허에 관한 절차상에 하자가 있는 경우 그 흠결을 치우하는 절차이다.

---

3) 한국발명진흥회, 지식재산의 정석, 박문각, 2011, p166.

소통하는
특허명세서 글쓰기

㉛ 제1원칙 짧게 [4)]

► 문장이 길면 구성 요소가 복잡하게 얽혀 지루하게 느껴진다.

► 짧게 끊어 써, 한 문장에 하나의 메시지만 담는다.

► 긴 문장은 몇 개의 짧은 문장으로 나누어 적당한 길이(30자 내외)로 써야 읽기 편하고 이해하기 쉽다.

► 간단명료하게 작성하는 것이 좋은 문장을 만드는 비법이다.

► 많은 수식어는 문장을 늘어지게 한다. 읽기가 불편해진다. 필요한 수식어로만 구성된 문장은 깔끔하고 부드럽다.

► "싫증나는 문장보다 배고픈 문장을 쓰라." 고 몽테뉴는 강조한다. 문장을 간결하게 쓰라는 의미이다.

► 문장을 가능한 짧게 하면서, 자연스럽게 이어질 수 있도록 고민하는 것이 발명특허 글쓰기의 핵심이다.

사례분석

● 원문 I [5)]_____

쓰레받기는 쓰레기를 모아 담기 위한 도구로서 종래의 쓰레받기는 쓰레기가 담기는 쓰레기수납부가 얕고 전면이 완전 개방되어 사용 중 쓰레기가 흩어지기 쉽고, 물기를 포함하는 쓰레기를 담을 경우 별도의 분리기능이 없어 액체를 쏟아내기 위한 별도의 기울임

---

4) 한효석, 이렇게 해야 바로 쓴다, 한겨레출판, 2011, pp 143~149.
5) 등록번호 10894685

작업을 수반해야 하며 이때 쓰레기가 함께 흘러내리게 되므로 다시 청소를 하여야 하는 번거로운 문제점이 있었고, 또한 소량의 쓰레기를 담은 상태에서 잠시 보관하였다가 다시 청소를 해야 하는 작업장 같은 장소의 경우 보관 중 쓰레기가 외부로 흘러나오는 문제점이 있었다.

수정 문장이 너무 길어 이해하기 어렵다. 끝까지 읽어 내려가기 힘들다. 다시 한 번을
⬇ 읽어야 하는 수고를 요구한다. 적당한 길이로 끊어 짧게 쓰도록 한다.

쓰레받기는 쓰레기를 담기 위한 도구이다. 종래의 쓰레받기는 쓰레기를 담는 수납부가 얕고 전면이 완전 개방되어 사용 중 쓰레기가 흩어지기 쉽다. 별도의 분리기능도 없어, 물기 있는 쓰레기를 담는 경우 액체를 쏟아내기 위해 쓰레받기를 기울여야 한다. 이때 쓰레기가 함께 흘러내려 다시 청소를 하여야 하는 번거로운 문제점이 있다. 작업장에서도 보관 중인 쓰레기가 외부로 흘러나오는 단점이 있다.

● 원문 Ⅱ [6]

특허청은 음식점 미용실 등을 운영하는 영세 상인들이 상표제도를 악용하는 상표브로커로 인해 상표권 침해분쟁에 휘말리지 않도록 보호하는 한편 정당한 상표권자의 영업상의 신용에 편승하려 하는 부정한 목적을 가지고 상표 등록 후에 상호를 사용하는 행위를 제한하는 등 상표의 공정한 사용질서 확립을 위해 상표법 개정을 추진한다.

수정 문장이 길어 이해도 어렵고, 리듬감이 없다. 제대로 전달도 안 된다.
⬇ 2~3문장으로 분리해서 한 문장에 한 개의 메시지를 담아야 한다. 분리해야 훨씬
읽기 편하고 의미 파악도 쉽다.

특허청은 영세 상인들이 상표권 침해분쟁에 휘말리지 않도록 보호 조치를 추진한다. 상표의 공정한 사용질서 확립을 위한 상표법 개정이 핵심이다. 그 내용을 보면, 정당한 상표권자의 영업상의 신용에 편승하려 하는 상표브로커들이 부정한 행위 등을 제한시키는 것이다.

---

6) 한국발명진흥회, 월간발명특허, 8월호, 2012.

일반적으로 넥타이를 많이 착용하는 직장인에게 가장 곤란한 경우는 업무 중에 넥타이를 바꾸어 착용할 필요를 느끼는 여러 상황 즉, 회의, 설명회, 영업, 접대 등의 상황과 조문 등의 행사 참석에 대비하여 여분의 다른 넥타이를 사무실에 준비해 놓거나 또는 별도로 구입하여야 하는 불편함도 있었다.

수정 ⬇

문장이 너무 길어 부담스럽다. 연결도 부드럽지 못해 이해하는데 불편하다. 읽는 게 힘들고 지루하게 느껴진다. 이렇게 긴 문장은 적당한 길이로 끊어 쓰면서 가독성(可讀性)을 높이는 것이 필요하다.

보통 직장인들은 업무 중에 넥타이를 바꾸어 착용할 경우가 많다. 즉 회의, 설명회, 영업, 접대 조문 등의 상황에 별도의 넥타이를 준비하거나 구입하는 불편함이 있다.

☞ 제2원칙 중복 배제 [8]

► 동일한 단어나 표현이 중복되면 읽기 불편하고 지루해진다. 간결성이 떨어져 글의 세련된 맛이 없다.

► 한 문장 또는 전체 문장에서도 중복은 피해야 한다. 특히 같은 표현으로 끝나지 않도록 주의함이 좋다.

► 중복 표현은 지면을 낭비하고, 글의 완성도와 세련미가 떨어진다.

_____

7) 등록번호 200448174
8) 임정섭, 글쓰기훈련소, 경향미디어, 2010, pp207~209.

1) 단어중복

► 단어중복은 다른 낱말로 변경하거나, 꼭 필요하지 않는 것은 생략하면 중복을 피할 수 있다.

► 무심코 글을 작성 하다보면, 같은 단어가 중복되는 경우가 있다. 다 쓰고 난 후 체크하는 노력이 필요하다.

● 원문 I [9]_____

돌풍과 같은 강력한 바람이 우산의 측면을 강타하더라도 우산에 바람의 강력한 힘이 직접적으로 전달되지 않고 바람을 우산내부로 유도하여 배출시킴으로 우산손상 등의 피해를 최소화 할 수 있는 것이다.

수정
⬇
'우산' '강력한' '바람' 이 겹쳐 나온다. 단어 중복을 최소화 한다.
필요한 곳에 필요한 단어를 배치하면 훨씬 읽기가 편하다.

> 강한 바람이 우산 측면 강타 시 그 힘이 직접 전달되지 않는다. 바람을 우산내부로 유도 배출시켜 우산손상 등의 피해를 최소화 할 수 있는 것이다.

● 원문 II_____

종래의 옷걸이는 옷걸이가 절첩되지 아니하므로, 즉 옷걸이의 모양이 고정되어 있으므로 앞트임이 없는 옷을 옷걸이에 걸 때에는 옷의 목 부위를 무리하게 늘려야만 양측 받침대가 삽입되도록 되어 있다.

---

9) 출원번호 1020020065093

수정 ⬇ | '옷걸이' 가 여러 번 반복되고 있다. 중복을 피해도 전달하는데 큰 무리가 없다. '~므로' 도 반복되어 읽기가 불편하다. 비슷한 다른 단어로 변경하는 것이 좋다.

종래의 옷걸이는 절첩되지 않고, 모양이 고정되어 있다. 앞트임이 없는 옷을 걸 때에는 목 부위를 무리하게 늘려야만 양측 받침대가 삽입된다.

● **원문Ⅲ**10)_____

전문적으로 청소를 하는 업자들은 전용 청소 도구함을 구비함으로써 '껌 제거기' 를 제외한 다른 도구들을 많이 구비할 수 있지만, 특히 학교 등에서 이와 같은 도구들을 구비하면서 청소를 하기에는 쉽지가 않다.

수정 ⬇ | '구비' '도구' '청소' 가 중복 사용되고 있다. 불필요한 단어는 빼고 적합한 단어로 바꾸어 준다.

전문 청소업자들은 전용 청소 도구함을 구비한다. '껌 제거기' 이외의 도구들은 준비 가능하지만, 학교 등에서 청소할 때 이 같은 기구를 사용하기에는 한계가 있다.

2) 구절중복

▶ 구(句) 또는 절(節)의 중복을 뜻한다. 중복을 많이 하다보면 문장이 단조로워진다.

▶ 중복되는 부분을 문맥에 맞게 적당히 바꾸어 주면 단순함을 피할 수 있고, 글도 훨씬 부드럽게 된다.

---

10) 출원번호 2020090016638

사례분석

● 원문 I [11])_____

특정 장소에 수건이나 행주 등을 걸어놓고 싶다면 자석집게를 소정 위치에 붙여 놓고 집게다리에 수건이나 행주를 걸어서 사용할 수 있다.

수정 ⬇ | 비슷한 구절인 '걸어놓고' '걸어서' '수건이나 행주' 가 겹쳐 나와 어색하다. 둘 중 하나를 비슷한 단어로 교체하면 좋다.

특정 장소에 수건이나 행주 등을 매달아 놓을 때, 자석집게를 소정 위치에 붙여 놓고 집게다리에 걸면 된다.

● 원문 II [12])_____

책상 상판의 좁은 공간에 책 및 노트와 함께 필기구등을 올려놓을 경우, 필기구가 책상 상판에서 쉽게 바닥으로 떨어지게 되며, 상판에 돌출된 고정편 및 회전편과 함께 책상이 더욱 어지럽게 되어 집중력의 저하와 이에 따른 학습효과가 떨어지게 되는 등 많은 문제점이 있었던 것이다.

수정 ⬇ | '떨어지게 되며' '~및 ~와 함께' 는 중복된 표현이다. 같은 구절 사용으로 어색한 표현이 되었다. 다른 구절로 바꾸거나, 제거해서 부드럽게 만드는 것이 좋다. '책상 상판' 도 중복되어 전달력이 떨어진다. 하나는 **빼는** 것이 타당하다.

책상 위 좁은 공간에 있는 책, 노트, 필기구 등은 쉽게 바닥으로 떨어진다. 책상 위에 돌출된 고정편과 회전편은 책상을 더욱 어지럽게 만든다. 이는 집중력과 학습효과를 저하시킨다.

---

11) 출원번호 1020040005957
12) 출원번호 1020050111281

치약을 보관 취급함에 있어서는 치약을 욕실의 벽면에 부착된 보관함에 넣어 두거나, 벽면에 부착된 받침대 위에 올려놓거나, 세탁기 위에 올려놓고 사용하게 되는 등, 통상의 가정에서는 일정한 장소 없이 각 가족이 여기저기에 놓아두고 사용하게 되며, 이에 따라 양치질을 하는 경우 치약을 쉽게 찾지 못해 불편하고 시간이 낭비되는 문제점이 있었다.

수정
⬇

'넣어두거나' '올려놓거나' '올려놓고' '놓아두고' 모두 유사한 표현이다. 다른 구절로 바꾸거나 삭제해서 이해력을 높이는 것이 좋다.
'취급함' '보관함'도 통일된 용어 사용이 필요하다.

통상의 가정에서 양치질 할 때, 고정된 장소 없이 치약을 여기저기에 놓고 사용한다. 보통 욕실의 벽면에 부착된 받침대 위나 보관함 안에, 또는 세탁기 위에 올려놓고 사용하게 된다. 이에 따라 치약을 쉽게 찾지 못해 불편하고 시간이 낭비되는 문제점이 있다.

3) 의미중복

▶ 내용상 동일한 의미가 되풀이 되는 것을 뜻한다. 같은 내용을 되풀이 되면 문장이 늘어진다. 또한 읽는 속도를 떨어뜨리고 지루한 느낌을 준다. 의미가 중복되는 부분은 어느 한쪽을 선택해 표현하면 간단하게 해결된다.

사례분석

● 원문Ⅰ[14)]_____

물과 기름의 비중차를 이용하여 기름의 밑에 형성되는 국물을 국통으로 빼서 배출시킨다.

_____

13) 출원번호 2020070005942
14) 등록번호 200224035

'빼서' 나 '배출 시킨다' 의미가 비슷하다. 둘 중 하나는 빼는 것이 좋다.

물과 기름의 비중차를 이용하여 기름의 밑에 형성되는 국물을 국통으로 배출시킨다.

● 원문Ⅱ[15)]_____

인체의 많은 부위와 넓은 부분을 밀고 당기면서 인체 지압에 관하여 특별한 지식이 없어도 안마와 지압을 행할 수 있다.

'많은 부위' 와 '넓은 부분' 은 의미가 중복되었다. 하나로 표현하면 된다. '인체' 단어도 중복되어 있다. 수식하는 단어의 위치도 멀어 이해가 빨리 안 된다.

지압에 관한 지식이 없어도 인체의 모든 부위를 밀고 당기면서, 안마와 지압을 행할 수 있다.

● 원문Ⅲ[16)]_____

거울 사용자들은 보다 편리하게 거울을 보면서 용모 또는 치장을 할 수 있도록, 보조수단을 통해 매일 사용하는 용품들을 간단히 보관 또는 사용할 수 있는 것을 요구하게 되었다.

'용모 또는 치장을 할 수 있도록' 은 하나의 뜻으로 표현하거나 2개의 뜻으로 분명하게 서술되어야 한다. '보조수단' 이 위치가 동떨어져 설명력이 떨어진다. 정확한 위치에 서술되어야 한다. '사용하는' '사용할 수' 도 중복 사용되고 있다.

사람들은 화장 및 몸치장 시, 용품을 사용한다. 그에 따라 용품을 간단히 보관할 수 있는 보조수단도 요구된다.

_____

15) 등록번호 200217837
16) 등록번호 200234783

☞ 제3원칙 알기 쉽게[17]

▶ 좋은 글이란 말하고자 하는 것을 다른 사람이 잘 이해 할 수 있게 쓴 글이다.

▶ 어려운 한자어나 일본식 표현을 자주 쓰면 자기의 생각을 제대로 전달하기가 어렵다. 가능하면 쉬운 우리말을 살려 쓰는 것이 좋다. 논리가 성립되려면 용어를 확실히 알고 써야 한다. 그리고 어느 한 부분만 어렵게 쓰면 그 부분만 글이 어색해진다.

▶ 한자의 남용은 거부감을 줄 뿐 아니라 문장의 흐름을 방해하므로 반드시 필요한 경우에만 사용한다.

▶ 모르는 것, 이해하지 못한 것은 사용하지 않는다.

▶ 예시를 사용한다.

▶ 관념적이며, 추상적인 어휘로 서술되면 무엇을 주장하는지 이해하기 어렵다. 구체적인 단어를 선택하여 서술하면서 주장을 분명히 해야 한다.

사례분석

● 원문 I [18]_____

본 고안은 책상의 후방에 천공된 책상구멍으로 전화선과 각종 전기 케이블을 인출하여 책상에 놓인 전화기와 모니터 및 전기스탠드와 연결하고 남는 책상구멍을 활용하기 위한 것이다.

---

17) 장진한 외, 글쓰기 단숨에 통달한다, 행담, 2004, pp128~130.
18) 등록번호 200353030

수정 ⬇ | '후방(後方)' '천공(穿孔)' '인출(引出)'은 어려운 한자어 표현이다. 쉽게 이해될 수 있는 단어로 교체하는 것이 좋다. 소통을 위한 단어선택이 중요하다.

본 고안은 책상의 뒤쪽에 뚫린 구멍으로 전화선과 각종 전기 케이블을 끌어빼내 책상에 놓인 전화기와 모니터 및 전기스탠드와 연결하고 남는 책상구멍을 활용하기 위한 것이다.

● 원문Ⅱ[19]_____

본 고안은 안경걸이 겸용 연필꽂이에 관한 것으로서, 수장실(4)을 갖는 연필꽂이(2) 전면에 전통탈(8)을 양각 형성하여 연필꽂이로서의 가치를 갖는다.

수정 ⬇ | '수장실(收藏室)' '전면(前面)' '양각(陽刻)'을 이해하려면 한자어를 알아야 한다. 쉬운 단어로 바꾸는 편이 좋다.

본 고안은 안경걸이 겸용 연필꽂이에 관한 것으로서, 보관함(4)을 갖는 연필꽂이(2) 앞면에 전통탈(8)을 도드라지게 새겨 연필꽂이로서의 가치를 갖는다.

● 원문Ⅲ[20]_____

본 고안에 의하면 덮개의 내측에 절첩 가능한 붓꽂이를 부가함으로써 붓을 일체로 보관할 수 있을 뿐만이 아니라 사용 시에 붓꽂이에 정렬된 붓이 덮개의 외측으로 노출됨으로써 사용이 매우 편리한 유용한 고안인 것이다.

수정 ⬇ | '내측(內側)' '절첩(折疊)' '부가(附加)' '일체(一體)' '외측(外側)' '유용(有用)' 단어 모두 생소하다. 처음 접하는 사람들이 이해하기에는 심리적 부담감이 있다. 계속해서 읽고 싶은 욕구도 사라진다.

---

19) 등록번호 200327435
20) 등록번호 200356937

본 고안에 의하면 덮개의 안쪽에 중첩되게 접을 수 있는 붓꽂이를 덧붙임으로서, 붓을 한 덩어리로 보관할 수 있을 뿐만이 아니라, 사용 시에 붓꽂이에 정렬된 붓은 덮개의 바깥쪽으로 노출되어 사용이 편리한 고안이다.

☞ 제4원칙   논리적으로[21]

► 전체문장 주어부가 서술어와 멀리 떨어지면 어느 주어가 어느 서술어와 호응하는지 판단하기 어렵다. 잘못하면 한 문장을 여러 가지 뜻으로 해석된다. 목적어가 서술어와 멀리 떨어져도 동일한 현상이 발생한다.

► 주어와 서술어 사이에 수식어를 많이 넣지 말아야 한다. 주어와 목적어를 짝이 되는 서술어 가까운 앞쪽에 옮겨놓는 것이 좋다.

► 연결이 긴밀하고 수식관계가 분명해야 이해하기 쉬운 문장이 된다. 관형어·부사어 등 수식어는 수식되는 말(피수식어) 가까이 놓아야 한다.

► 앞뒤 흐름에 적합하지 않은 내용이 오거나 지나치게 비약하면 어설픈 얘기가 되고, 인과관계가 적절하지 않으면 틀린 말이 된다.

► 연결 어미나 접속사로 문장을 연결시킬 때는 그에 맞는 내용이 와야 한다. 이를 무시하면 별개의 내용이 된다. '~고' '~며' 등에는 대등한 내용이 뒤따라야 하고, '~으나' '~지만'등에는 반대 내용이 와야 한다.

---

21) 배상복, 문장기술, mbc 프로덕션, 2009, pp82~90.

● 원문 Ⅰ 22)_____

　종래의 빗자루는 쓰레기를 쓸어 담는 기능을 하나, 빗솔(브러시)에 머리카락이나 이물질이 붙어서 잘 떨어지지 않는 문제점이 있었다.

수정 '~나' 다음에는 반대내용이 나와야 한다. 전혀 다른 내용이 이어지고 있다. 전체적으로 매끄럽지 못하다. 문장을 재구성하여 이해력을 높여야 한다.

　쓰레기를 모으는 빗자루의 빗솔(브러시)에는 머리카락이나 이물질이 붙어 잘 떨어지지 않는 문제점이 있다.

● 원문 Ⅱ 23)_____

　지금까지 개발된 모자우산의 경우에는 머리에 띠를 두르는 방식의 머리착용부를 구성하여 머리에 씌우는 방식을 취하여 왔으나, 이와 같은 경우 고개를 숙이거나 걷거나 뛸 경우 또는 바람이 어느 풍속 이상으로 유지될 경우 쉽게 벗겨짐으로써 모자우산을 사용함에 있어 많은 불편함을 갖고 있었다.

수정 장문이라 한 번에 이해하기 어렵다. 동사 '씌우는'에 호응되는 주어가 명확하지 않다. 여러 개의 구절을 나열할 때는 같은 구조로 구성되어야 한다. 또한 구절 간에는 콤마(,)로 끊어 주는 것이 이해하는데 편하다.

　지금까지 사람들은 머리에 띠를 두르는 머리착용부 형태의 모자우산을 사용해왔다. 이때 머리를 숙이거나, 걷거나, 뛰거나 또는 바람으로 모자우산이 쉽게 벗겨지는 많은 불편함이 있다.

---

22) 출원번호 1020110000724
23) 출원번호 1020100088119

● **원문 Ⅲ**[24]_____

　일반적으로, 욕실에는 욕실용 슬리퍼가 비치되는데, 이는 욕실 바닥에 물기가 많기 때문에 발이 젖지 않도록 하기 위함은 물론, 발을 씻은 후 오염된 바닥에 발이 닿지 않도록 하기 위한 목적으로 사용되고 있다.

수정
⬇
　'젖지 않도록 하기 위함'과 '발이 닿지 않도록 하기 위한' 내용이 중복되어 있어 논리적으로 어색하다. 문장 구성이 매끄럽지 못하다. 연결이 긴밀하지 못해 설명력도 떨어진다. 논리적이면서 단문으로 처리하는 것이 좋다.

　일반적으로 발을 씻은 후 오염되고 젖어있는 욕실 바닥에 닿지 않기 위해, 욕실에는 슬리퍼가 비치된다.

♋ 제5원칙　**능동형으로**[25]

► 피동형을 쓰면 문장이 어색해지거나, 행위의 주체가 잘 드러나지 않아 뜻이 모호해진다.

► 피동형 문장은 주체나 뜻이 분명하게 드러나지 않아, 읽는 사람에게 강한 인상을 주기 어렵다. 이해력도 떨어진다.

► 능동형으로 작성된 문장은 주체가 분명하고 주장이 잘 드러난다. 문장의 힘도 살아난다.

► 이중피동은 경계해야 한다. 중복 사용하면 좋은 문장으로 평가받기 어렵다.

_____

24) 출원번호 2020080004501
25) 김규태 외, 이공계 글쓰기 달인, (주)글 항아리, 2010, p162.

● 원문 Ⅰ 26)_____

　물통 내부의 물이 원활하게 냉온수기로 유동할 수 있고 물의 흐름을 일정하게 조절할 수 있도록 물통의 입구에 설치되는 쏟아짐 방지장치를 제공하고자 하는 것이다.

수정 ⬇ | '하고자 하는 것이다' 는 이중피동이다. 뜻이 모호하고 이해력도 떨어진다. 능동형으로 바꿔 소통을 높여야 한다.

　물통 내부의 물이 원활하게 냉온수기로 유동할 수 있고, 물의 흐름을 일정하게 조절할 수 있도록, 물통의 입구에 설치되는 쏟아짐 방지장치를 제공하는 것이다.

● 원문 Ⅱ 27)_____

　상기 벤딩부의 중앙부로는 안정된 탄성 복원력을 제공하기 위한 탄성 보강부가 형성되어지되 상기 탄성 보강부는 벤딩부의 곡률반경 범위 내에서 일체로 돌출되어 지도록 프레싱 되어진 구성에 있다.

수정 ⬇ | '형성되어지되' '돌출되어 지도록' '되어진' 피동형이 너무 많아 읽기가 불편하다. 능동형으로 고쳐 문장의 힘을 높이는 것이 좋다. 능동형이 주장을 분명하게 함은 물론 이해력이 높아진다.

　상기 벤딩부의 중앙부에는 안정된 탄성 복원력을 제공하기 위한 탄성 보강부가 형성된다. 상기 탄성 보강부는 벤딩부의 곡률반경 범위 내에서 한 덩어리로 밖으로 튀어 나오도록 프레싱 되어있다.

---

26) 출원번호 1020030069439
27) 등록번호 200447354

● 원문Ⅲ28)_____

커피믹스를 하나의 대롱으로 구성하여 휴대에 간편하도록 하였으며, 컵의 온수에 상기의 대롱을 담근 상태에서 휘저음에 의해 대롱내의 커피믹스를 용해시켜 음용의 커피를 완성시킬 수 있도록 하였다.

수정
⬇

'하도록 하였으며' '완성시킬 수 있도록' 이 피동형이다. 굳이 피동태로 문장을 구성할 필요가 없다. 문장이 늘어지고 어색해진다. 무의미하게 피동을 겹쳐 쓰는 것을 주의해야 한다.

커피믹스를 하나의 대롱으로 구성하여 휴대가 간편하다. 컵의 온수에 상기의 대롱을 담근 상태에서 휘저음에 의해 대롱내의 커피믹스를 용해시키면 커피가 완성된다.

_____
28) 출원번호 1019990046807

블루오션

특허명세서 작성법

PART 13

☞ 블루오션 특허명세서 구성 원리

1) 제1단계
► 블루오션 특허명세서를 작성하기 위해, 나의 발명 아이디어와 유사한 최근의 기 출원된 특허명세서 3개를 검색(http:// www.kipris.or.kr)하여 출력한다.

► 유사한 명세서를 통해 나의 아이디어와의 유사점과 차이점을 비교 분석할 수 있다.

► 특허명세서를 막연히 작성하기보다는 기 출원/등록된 명세서를 통해 전체기술의 흐름과 패턴을 읽을 수 있다.

► 여러 개를 분석하기 보다는 자기 아이디어와 유사한 특허명세서 3개면 충분하다. 그 안에 압축된 정보가 모두 포함된다. 3개가 특허명세서 작성능력의 첫 출발이라 보면 된다.

2) 제2단계
► 이 연습의 목적은 특허기술 경로를 그대로 따라가는데 있다. 발명을 정확하게 모방해 보는 것이다.

► 이런 방식의 써보는 학습은 마치 세포에 기억을 심기위해 암호를 각인하는 것과 같은 기본적인 도움을 준다.

► 특허명세서 베껴 쓰기는 가능한 천천히 하도록 한다. 특허도면까지 원본 그대로 그려보고, 베껴 써보는 것이 좋다.

► 다른 사람의 특허기술을 이해하는 방법에는 일반적으로 단순읽기가 있다. 단순읽기보다 효과적인 방법으로는 베껴 쓰기가 좋다. 특허기술 이해 능력을 향상시키려면 우선 베껴 쓰기에 좀 더 많은 시간과 노력이 요구된다.

► 베껴 쓰기를 통해 특허기술 파악능력이 향상되면 권리자의 생각을 그대로 공유할 수 있기 때문에 이해력, 사고력, 창의력 등이 크게 좋아진다. 이해가 안 되던 부분도 자연스럽게 이해가 된다. 또한 베껴 쓰기를 하면 많은 생각을 하게 되므로 아이디어를 키우는 힘도 키울 수 있다.

► 손을 제2의 뇌라고 하고 발을 제2의 심장이라고 한다. 베껴 쓰기를 하면 손을 많이 사용하게 된다. 손은 두뇌의 사고회로와 직접 연결되어 있어서 손을 많이 움직이면 기억력이나 이해력을 훨씬 증가 시킬 수 있다. 이렇듯 손을 이용한 명세서 베껴 쓰기는 이해를 돕고, 기억의 확률을 높이는 훌륭한 보조기억장치이다.[29]

3) 제3단계

► 베껴 쓴 특허명세서를 두세 번 읽기 보조수단(연필 또는 손가락)을 활용하여 읽어 보면서 상세하게 이해하도록 노력한다. 이 단계에서는 컴퓨터 워드 작업을 통해 이해하는 것도 무방하다.

► 눈은 한줄 씩 차례로 읽어가도록 만들어져 있지 않다. 눈은 움직임 없이는 어떤 주어진 선이나 그 밖의 형태들을 따라 갈 수 없다.

► 눈은 새로 시작되는 줄의 처음을 찾기가 힘들다. 평균적으로 새로 시작되는 줄을 찾는 데 시간의 3분의 1이 소요된다. 따라서 3시간 동안 책을 읽는다면 우리는 1시간을 새로 시작되는 줄을 찾는데 허비하는 셈이다.[30]

► 눈은 움직임을 따르도록 만들어져 있어서 유도해 주는 어떤 것이 필요하다. 학교에 들어가기 전 보통 아이들은 글을 읽을 때, 거의 자동적으로 손가락을 사용한다. 아주 자연스런 동작이다. 그들은 손가락을 사용하지 않을 경우 눈이 어떻게 텍스트의 줄을 따라

---

29) 서상훈, 나를 천재로 만드는 독서법, 지상사, 2008년, p.89.
30) 크리스티안 그뤼닝, 공부가 된다, 이순, 2009년, p.60.

가야 할지 상상할 수 없다. 바로 이 때문에 글을 읽을 때, 처음에 읽기 보조수단도 사용해야 한다.

► 읽기보조수단(연필 또는 손가락)을 투입함으로써 눈은 더 이상 페이지 전체를 가로질러 이리저리 옮겨 다니지 않는다. 유도해주는 대로 특허명세서를 한줄 한 줄 읽어 나갈 수 있다. 그 외에도 자신이 더 많은 주의력과 집중력을 투입해서 읽는다는 사실을 깨닫게 된다. 이것은 아주 자연스런 메커니즘이다.

► 우리의 감각, 즉 주의력과 집중력에는 항상 움직임이 있는 곳에 가 있다. 왜냐하면 그것에 주의를 기울이도록 우리 유전자 속에 메커니즘이 설계되어 있기 때문이다.

► 뇌는 손가락을 움직이면서 글자를 읽을 때, 거기에 필요한 복잡한 인식 분석 기능을 수행하도록 신체에 지시한다. 이렇게 하면 무의식으로 글자를 인식하는 습관이 바뀐다. 손가락이 무의식적인 인식과장을 조절하는 조절기 역할을 하기 때문이다.[31]

► 대부분 사람들은 1페이지를 읽을 때, 자신도 모르는 사이 무려 40번이나 '퇴행(退行, regress)'을 한다. 마치 어릴 때 하던 것처럼 읽은 부분을 무의식적으로 다시 확인하는 것이다. 오랜 세월이 지난 지금 그 행위는 무의식적이고 불필요한 습관이 되고 말았다. 퇴행은 문자나 단락을 의도적으로 다시 읽는 것과는 전혀 다르다.

4) 제4단계
► 명세서를 정확하게 읽으면서 메모리 형광펜 등으로 특허전문 기술용어들을 체크 정리한 후, 사전 또는 인터넷을 활용하여 기술전문용어의 뜻을 찾아 내용을 충분히 익힌다.

► 우리가 어떤 주제를 복잡하다고 느끼는 이유는 무엇일까? 그것은 주제의 원리 자체가 복잡하기 때문이 아니라, 모르는 단어가 너무 많기 때문이다. 단어는 어떤 주제와 관

---

31) 릭 오스트로브, 2배 빨리 2배 많이 야무지게 책읽기, 수희재, 2004년, p.63.

련한 사실과 상황, 위치와 그리고 변화 등을 설명하기 위해서 선택되거나 만들어진다.

► 새로운 분야를 공부하는 일은 새로운 언어를 배우는 것과 비슷하다. 새로운 언어를 배울 때는 원리와 사용법칙, 구분을 익혀야 하고 새로운 분야를 학습할 때는 용어와 기호, 어휘를 익혀야 한다. 이런 이유로 어떤 분야를 학습할 때, 용어의 사전적인 의미를 알고 활용하는 것이 중요하다.

► 많은 학습자들이 어휘력 부족으로 이해에 어려움을 느낀다. 그런데 어휘력이 문제인 줄도 모르고, 주제가 너무 복잡하거나 자신의 능력이 모자라다고 잘못 생각하기가 쉽다. 기본 용어를 모를수록 그 분야가 생소하게 느껴지는 법이다.

► 반면 익숙하게 느껴지는 분야라면, 그와 관련한 용어를 잘 알고 있기 때문이다. 관심 분야와 관련된 어휘를 많이 알고, 관련된 경험이 풍부할수록 그 분야를 능숙하게 소화 할 수 있다.[32]

5) 제5단계

► 명세서의 각 구성 항목별(요약서, 기술 분야, 배경기술, 특허 청구범위 등)로 마인드 맵을 활용하여, 도면을 참조하면서 구체적으로 분석 한다.

► 마인드맵은 이미지, 기호, 심벌을 도구로 하여 정보를 압축/저장시켜 창의력을 높이 는 뛰어난 기법이다.

► 마인드맵 분석을 통해 특허명세서의 세부 핵심기술의 정리정돈에 탁월한 효과를 발 휘한다.

► 특히, 특허명세서의 도면 중심으로 마인드맵 분석이 이루어지기 때문에 기억력은 물

---

32) 릭 오스트로브, 2배 빨리 2배 많이 야무지게 책읽기, 수희재, 2004년, p.123.

론 아이디어 창출에도 좋은 도움이 된다.

► 마인드맵으로 특허명세서 2~3개를 각각 분석하고 다시 종합해보면, 특허기술의 차이점, 문제점, 추이 등이 극명하게 나타난다.

6) 제6단계
► 기존 특허명세서의 특허기술과(청구범위) 나의 아이디어를 비교분석한다.

► 중복된 특허기술을 피하면서 차별화된 나의 아이디어를 구획 정리한다.

► 아이디어 구획정리에는 도면들 간의 비교분석이 유리하다. 특히, 특허 청구범위의 마인드맵 분석을 통해 중복을 피하면서 차별화된 특허기술을 발굴한다.

► 선행 특허기술 분야를 조사 연구하여, 새로운 아이디어와의 연관관계를 만들어 가면서 특허명세서를 정리 정돈한다.

► 이 단계는 특허명세서 작성의 기본 틀에 해당되므로 정확한 특허기술 조사와 새로운 아이디어의 전개가 핵심이다.

7) 제7단계
► 최종 결정된 아이디어를 중심으로 블루오션 특허명세서를 작성한다.

► 쉽고 간단하게 쓸 수 있는 특허기술 내용이 굳이 어렵고 복잡해지면, 명쾌하게 파악하기 힘들다. 자기 발명을 정확하고도 효율적으로 전달할 필요가 있다.

► 모든 것에는 경제원칙이 적용된다. 최소의 투자로 최대효과를 얻는 것을 의미한다. 특허명세서도 간단명료하게 작성하는 것이 첫째 비결이다.

► 특허기술의 표현에 맞지 않는 단어를 사용하면 특허명세서에 대한 전반적인 신뢰가 떨어진다. 해당 특허기술에 꼭 맞는 단어를 사용하기 위해 사전을 적극 활용함이 좋다. 결국 특허기술의 차이를 파악하고 가장 알맞은 것을 선택해야 정확한 특허기술 표현이 가능하고 특허명세서의 정교함을 더할 수 있다.

► 특허기술은 공개를 원칙으로 한다. 공개란, 결국 남을 위한 것이다. 그런데 특허기술로 등록된 명세서를 살펴보면, 고의든 무의식적이든 상대를 배려하지 않고 쓰는 경우가 종종 있다.

► 특허명세서는 모르는 단어나 문장사용으로 읽는 이로 하여금 신산한 고통을 요구한다. 어렵거나 낯선 기술용어나 자신 없는 표현과 추측성 표현은 경계해야 될 대목이다.

8) 제8단계

► 특허법 중심의 CHECK LIST로 블루오션 특허명세서를 최종 점검한다.

► 이 단계에서는 특허명세서를 작성하는데 특허법상 체크돼야 할 항목으로 구성되어있다.

► 각 항목별 체크는 특허기술의 등록 가능성을 높이게 함은 물론, 우수한 특허명세서를 완성하는 지름길이다.

블루오션 특허명세서 작성 8단계

단계 1   나의 아이디어와 유사한 최근 특허 명세서를 출력한다.

↓

단계 2   출력한 특허명세서를 베껴 쓴다.

↓

단계 3   베껴 쓴 특허명세서를 읽기보조수단을 활용해 읽어보면서 이해한다.
또는 컴퓨터 워드 작업을 통해 이해해도 무방하다.

↓

단계 4   특허전문기술 용어들을 사전 또는 인터넷을 활용해서 체크 정리 후
그 의미를 정확하게 익힌다.

↓

단계 5   마인드맵을 활용하여 항목별(발명의 내용, 특허청구범위 등)로
분석한다.

↓

단계 6   전체 마인드맵 분석을 통해 나의 아이디어를 비교분석하고
구획정리한다.

↓

단계 7   아이디어를 바탕으로 블루오션 특허명세서를 작성한다.

↓

단계 8   특허법 중심의 CHECK LIST로 최종 점검한다.

♋ 블루오션 특허명세서 사례 분석

1) 제1단계
► 나의 아이디어와 유사한 최근 특허명세서를 검색 출력한다.

다색 볼펜

【요 약】

　본 고안은 다색 볼펜에 관한 것으로, 더욱 구체적으로는 서로 다른 다수개의 볼펜심을 통기구멍이 형성된 접속관에 의해 길이방향으로 서로 연결하여 원하는 색상을 선택 사용할 수 있는 다색 볼펜에 관한 것이다.

　즉, 선, 후단에 각각 구멍이 형성된 관체로 이루어진 케이스와, 다수의 색상으로 각각 구비된 볼펜심을 길이방향으로 서로 연결하여 케이스 내에 내장하되 볼펜촉과 잉크주입관 사이에 통기홈이 형성된 접속관을 결합하여 볼펜심이 서로 연결된 부분의 잉크주입관 후단에 공기가 유입되게 한 볼펜심과, 상기 케이스의 선단에 결합되며 중앙에는 상기 볼펜심 중에서 볼펜심 최선단의 볼펜촉이 통과할 수 있는 볼펜구멍이 형성된 선단결합구와, 상기 케이스의 후단에 위치하여 최후단의 볼펜심후단을 지지하는 후단결합구로 이루어지되, 상기 접속관은 외주면 중간부에 분할단턱이 형성되어 일측단부에 볼펜심의 볼펜촉 부분을 끼워 길이방향으로 연결하도록 되어 있고 상기 볼펜촉이 끼워지는 접속관의 외주면에서 분할단턱에 이르는 부분에 적어도 하나 이상의 통기홈을 형성하여서 다색 볼펜을 특징으로 한다.

【실용신안 등록청구의 범위】

청구항 1

　선, 후단에 각각 구멍이 형성된 관체로 이루어진 케이스(10)와, 다수의 색상으로 각각 구비된 볼펜심(20)을 길이방향으로 서로 연결하여 케이스(10)내에 내장하고 볼펜촉(22)과 잉크주입관(24)사이에 통기홈(28)이 형성된 접속관(26)을 결합하여 볼펜심(20)이 서로 연결된 부분의 잉크주입관(24)후단에 공기가 유입되게 한 볼펜심(20)과, 상기 케이스(10)의 선단에 결합되며 중앙에는 상기 볼펜심(20)중에서 볼펜심 최선단의 볼펜촉(22)이 통과할 수 있는 볼펜구멍(32)이 형성된 선단결합구(30)와, 상기 케이스(10)의 후단에 위치하여 최후단의 볼펜심(20)후단을 지지하 후단결합구(34)로 이루어지되,

상기 접속관(26)은 외주면 중간부에 분할단턱(27)이 형성되어 일측단부에 볼펜심(20)의 볼펜촉(22)부분을 끼워 길이방향으로 연결하도록 되어 있고 상기 볼펜촉(22)이 끼워지는 접속관(26)의 외주면에서 분할단턱(27)에 이르는 부분에 적어도 하나 이상의 통기홈(28)을 형성하여서 됨을 특징으로 하는 다색 볼펜.

【명 세 서】
【고안의 상세한 설명】
【고안의 목적】

【고안이 속하는 기술 및 그 분야의 종래기술】
본 고안은 다색 볼펜에 관한 것으로, 더욱 구체적으로는 서로 다른 다수개의 볼펜심을 통기구멍이 형성된 접속관에 의해 길이방향으로 서로 연결하여 원하는 색상을 선택 사용할 수 있는 다색 볼펜에 관한 것이다.

일반적인 다색 볼펜은 케이스의 선단결합구에 볼펜촉이 집합된 형태로 여러 개의 볼펜심을 케이스 내에 내장시키고 각 볼펜심의 후단을 작동버튼에 각각 연결되게 끼운 다음 작동버튼에 의해 선택된 볼펜심의 볼펜촉을 돌출 사용할 수 있도록 한 것으로 되어 있는바, 이와 같은 구조는 케이스의 부피가 너무 커서 투박하고 파지하는데 불편이 있었을 뿐만 아니라 많은 부품이 조립된 것이어서 제작 및 조립공정이 많기 때문에 고가이며, 정밀제작이 되지 않으면 사용시 고장이 자주 일어나는 문제점이 있었다.

【고안이 이루고자 하는 기술적 과제】
본 고안은 이와 같은 문제점을 해결하고 사용자가 사용하기 편리한 다색 볼펜을 제공하기 위한 것으로서 볼펜심과 또 다른 볼펜심을 길이방향으로 서로 연결하여 케이스 내에 내장시키되, 볼펜심 후단에 공기가 유입되어 잉크의 투입작용이 용이하게 이루어지도록 한 구성으로 원하는 색상의 볼펜심을 선택 사용할 수 있는 다색 볼펜을 제공함을 목적으로 한다.

또한 상기 볼펜심은 선택적으로 별도 구입하여 사용할 수 있는 교체 사용할 수 있도록 한 구성으로 친환경적이고 비용도 절감할 수 있도록 함에 있다.

【고안의 구성 및 작용】

상기 목적을 달성하기 위하여 본 고안에 의해 제공된 다색 볼펜은, 선, 후단 각 각 구멍이 형성된 관체로 이루어진 케이스(10)와, 다수의 색상으로 각각 구비된 볼 펜심(20)을 길이방향으로 서로 연결하여 케이스(10)내에 내장하되, 볼펜촉(22)과 잉 크주입관(24) 사이에 통기홈(28)이 형성된 접속관(26)을 결합하여 볼펜심(20)이 서 로 연결된 부분의 잉크주입관(24)후단에 공기가 유입되게 한 볼펜심(20)과, 상기 케 이스(10)의 선단에 결합되며 중앙에는 상기 볼펜심(20)중에서 볼펜심 최선단의 볼 펜촉(22)이 통과할 수 있는 볼펜구멍(32)이 형성된 선단결합구(30)와, 상기 케이스 (10)의 후단에 위치하여 최후단의 볼펜심(20)후단을 지지하는 후단결합구(34)와, 상 기 선단 결합구(30)를 덮는 뚜껑(36)으로 구성된 다색 볼펜을 특징으로 한다.

이하 본 고안의 바람직한 구성 실시 예를 첨부된 도면에 의하여 상세히 설명하 면 다음과 같다.

도면에서는 삼색 볼펜을 대상으로 작성하였으나, 본 고안의 범위는 삼색 볼펜에 〈20〉 한정되지 않고 2색 이상의 다색볼펜에 모두 적용되는 것이다.

도 1은 본 고안에 따른 다색 볼펜의 전체적인 구성을 나타낸 단면도로서, 본 고 안의 다색 볼펜은 여러 가지 색상의 잉크가 들어있는 각각의 볼펜심(20)이 접속관 (26)에 의해 길이방향으로 서로 연결되어 케이스(10)에 내장되어 있고 그 케이스 (10)선단의 선단결합구(30)에 형성된 볼펜구멍(32)에는 볼펜심 최선단의 볼펜촉(22) 이 통과된 상태로 돌출되어 있고 케이스(10)후단의 후단결합구(34)는 최후단의 볼 펜심 후단을 밀착상태로 지지하고 있으며 상기 선단결합구(30)는 뚜껑(36)으로 덮 여 있는 상태로 되어 있다.

도 2 및 도 3은 본 고안의 다색 볼펜에 사용되는 볼펜심의 연결 및 분리상태를 나타낸 단면도로서, 잉크(24a)와 실리콘(24b)이 내장된 잉크주입관(24)과 선단의 볼 펜촉(22)사이에 접속관(26)을 끼우되, 그 접속관(26)은 외주면 중간부에 분할단턱 (27)이 형성되어 일측단부에 볼펜심(20)의 볼펜촉(22)부분을 끼워 길이방향으로 연 결하도록 되어 있고 상기 볼펜촉(22)이 끼워지는 접속관(26)의 외주면에서 분할단 턱(27)에 이르는 부분에 적어도 하나 이상의 통기홈(28)을 형성하여서 된 것이다.

도 4 및 도 5는 본 고안의 다색 볼펜의 볼펜심 구성과 작용상태를 나타낸 것으로서, 볼펜심(20)의 잉크주입관(24)에 또 다른 볼펜심(20)이 길이방향으로 서로 연결되어 있고 최선단의 볼펜심(20)은 접속관(26)에 형성된 통기홈(28)에 의해 잉크주입관(24)내부의 실리콘(24b)부분에 공기가 유입되어 볼펜심(20)의 볼펜촉(22)에 잉크(24a)의 투입작용이 용이하게 이루어지도록 한 구성으로 되어 있기 때문에 최선단에 선택적으로 끼워져서 원하는 색상으로 사용되는 볼펜심(20)은 잉크주입관(24)에 또 다른 볼펜심(20)이 끼워지더라도 볼펜촉(22)으로 이동되는 잉크 투입작용에 지장을 주지 않도록 되어 있다.

이와 같이 된 본 고안의 다색 볼펜은 볼펜심(20)의 잉크주입관(24)후단에 또 다른 볼펜심(20)의 볼펜촉(22)부분이 밀착상태로 연결 되더라도 접속관(26)에 형성된 통기홈(28)을 통해 잉크주입관(24)내에 공기가 유입되어 잉크주입관(24)에 내장된 잉크가 볼펜촉(22)으로 이동되어 잉크투입작용이 원활하게 이루어진다.

즉, 볼펜심(20)과 또 다른 볼펜심(20)을 길이방향으로 밀착되게 서로 연결하더라도 잉크주입관(24)내에 공기가 유입되어 볼펜심(20)의 볼펜촉(22)에 잉크흐름에 지장을 주지 않게 되므로 원하는 색상의 볼펜심(20)을 앞뒤로 바꿔 끼우는 방식에 의해 필기가 가능하게 된다.

또한 상기 볼펜심(20)은 원하는 색상별로 별도 구입하여 이를 선택적으로 사용할 수 있는 교체사용이 가능하므로 친환경적이고 비용도 절감할 수 있게 되는 것이다.

이상에서 본 고안은 상기 실시 예를 참고하여 설명하였지만 본 고안의 기술사상 범위내에서 다양한 변형실시가 가능함은 물론이다.

【고안의 효과】
이와 같이 본 고안의 다색 볼펜은 볼펜심과 또 다른 볼펜심을 길이방향으로 서로 연결하여 케이스 내에 내장시키되 볼펜심 후단의 잉크주입관에 공기가 원활하게 유입되어 잉크의 투입작용이 용이하게 이루어지도록 한 구성에 의해 원하는 색상의 볼펜심을 앞뒤로 연결하는 순서를 바꿔 선택적으로 사용할 수 있게 되므로 종래와 같이 부피가 크지 않으면서 편리하게 사용할 수 있고 그 구조도 간단하며 교체사용도 가능한 다색 볼펜을 갖게 되는 이점이 있다.

【도면의 간단한 설명】

도 1은 본 고안에 따른 다색 볼펜의 전체적인 구성을 나타낸 단면도

도 2는 본 고안의 다색 볼펜에 사용되는 볼펜심의 연결 상태를 나타낸 단면도

도 3은 본 고안의 다색 볼펜에 사용되는 볼펜심의 분리 상태를 나타낸 단면도

도 4는 본 고안의 다색 볼펜의 볼펜심 구성을 나타낸 분리 단면도

도 5는 본 고안의 볼펜심에 구비된 접속관의 작용상태 확대단면도

● 도면의 주요부분에 대한 부호의 설명

10 : 케이스   20 : 볼펜심

22 : 볼펜촉   24 : 잉크주입관

24a : 잉크   24b : 실리콘

26 : 접속관   27: 분할단턱

28 : 통기홈   30 : 선단결합구

32 : 볼펜구멍   34 : 후단결합구

36 : 뚜껑

【도 면】

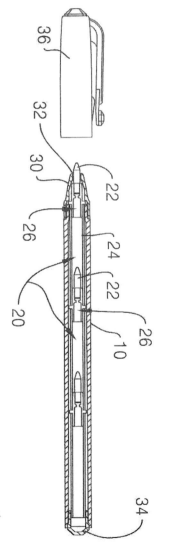

〈도면 1〉

〈도면 2〉

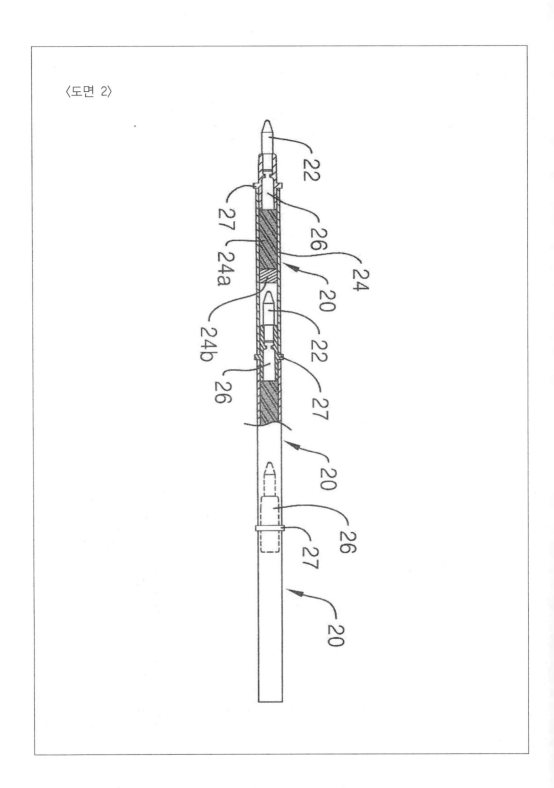

〈도면 3〉

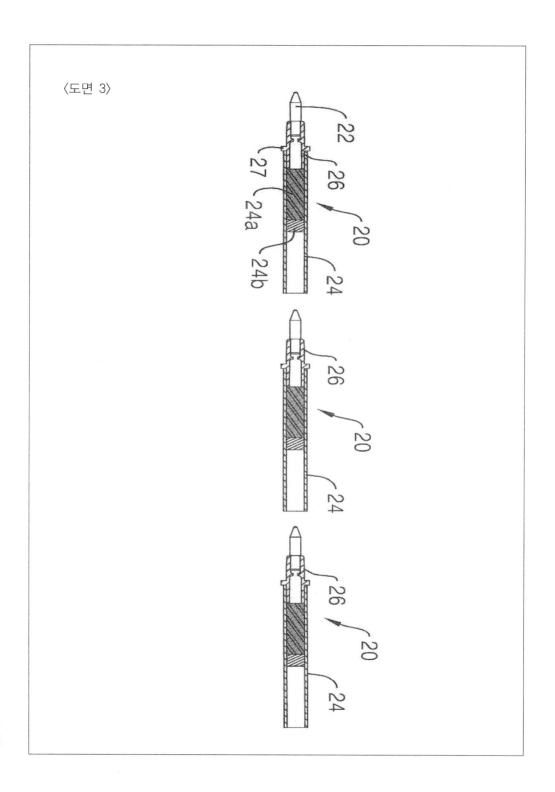

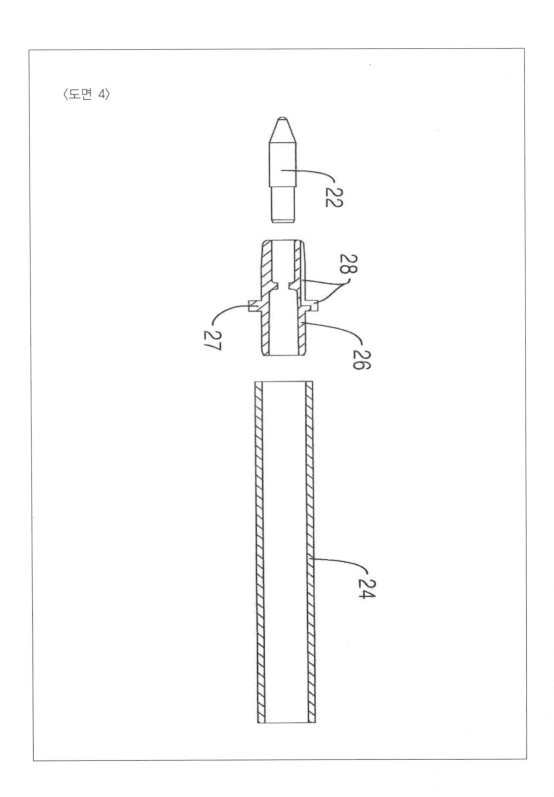

〈도면 4〉

〈도면 5〉

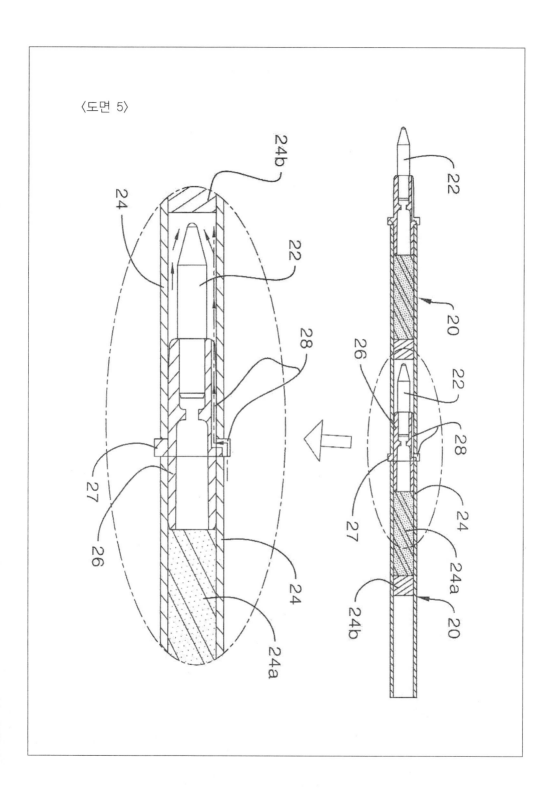

2) 제2단계

► 출력한 특허명세서를 베껴 쓴다.

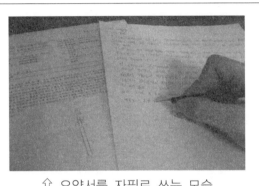

⇧ 요약서를 자필로 쓰는 모습

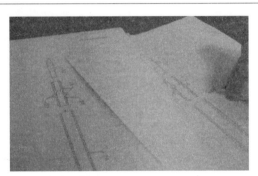

⇧ 접속관 도면을 그리는 모습

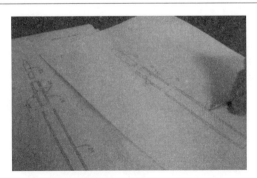

⇧ 잉크 주입관 도면을 그리는 모습

3) 제3단계

▶ 베껴 쓴 특허명세서를 읽기 보조수단을 활용해 읽어보면서 이해한다. 또는 컴퓨터 워드 작업을 통해 이해해도 무방하다.

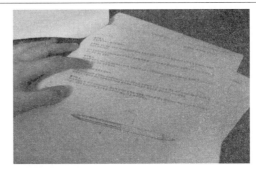

⇧ 청구범위를 손가락으로 짚어가며 읽기

⇧ 과제해결 수단을 손가락으로 짚어가며 읽기

⇧ 해결하려는 과제를 손가락으로
짚어가며 읽기

4) 제4단계

► 특허전문 기술용어들을 사전 또는 인터넷을 활용하여 체크 정리 후, 그 의미를 정확히 익힌다.

5) 제5단계

► 항목별(요약서, 기술분야, 배경기술, 발명의 내용, 특허청구범위 등)로 마인드맵을 활용하여 분석한다.

(1) 다색볼펜

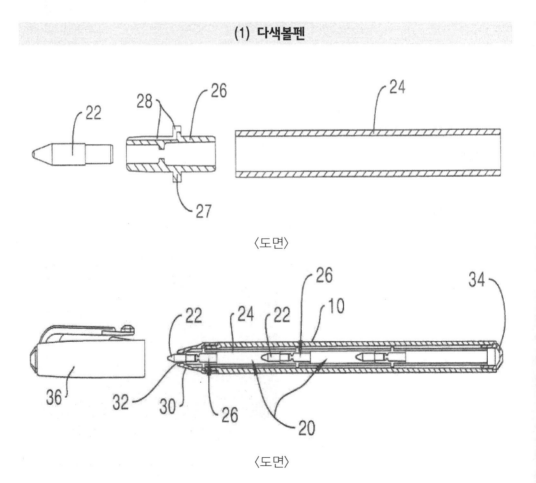

〈도면〉

〈도면〉

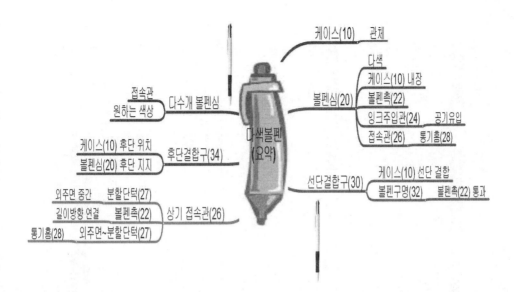

• 요 약 •

　본 고안은 다색 볼펜에 관한 것으로, 더욱 구체적으로는 서로 다른 다수개의 볼펜심을 통기구멍이 형성된 접속관에 의해 길이방향으로 서로 연결하여 원하는 색상을 선택 사용할 수 있는 다색 볼펜에 관한 것이다.

　즉, 선, 후단에 각각 구멍이 형성된 관체로 이루어진 케이스와, 다수의 색상으로 각각 구비된 볼펜심을 길이방향으로 서로 연결하여 케이스 내에 내장하되 볼펜촉과 잉크주입관 사이에 통기홈이 형성된 접속관을 결합하여 볼펜심이 서로 연결된 부분의 잉크주입관 후단에 공기가 유입되게 한 볼펜심과, 상기 케이스의 선단에 결합되며 중앙에는 상기 볼펜심 중에서 볼펜심 최선단의 볼펜촉이 통과할 수 있는 볼펜구멍이 형성된 선단결합구와, 상기 케이스의 후단에 위치하여 최후단의 볼펜심후단을 지지하는 후단결합구로 이루어지되, 상기 접속관은 외주면 중간부에 분할단턱이 형성되어 일측단부에 볼펜심의 볼펜촉부분을 끼워 길이방향으로 연결하도록 되어 있고 상기 볼펜촉이 끼워지는 접속관의 외주면에서 분할단턱에 이르는 부분에 적어도 하나 이상의 통기홈을 형성하여서 다색 볼펜을 특징으로 한다.

－전문기술용어－

▶접속관 : 서로 맞대어 잇는 관	▶선단 : 앞쪽의 끝
▶관체 : 몸 둘레가 둥글고 속이 비어 있는 물건	▶외주면 : 바깥 둘레 면
▶주입관 : 흘러 들어가도록 부어 넣는 관	▶단턱 : 평평한 곳의 어느 한 부분이 갑자기 조금 높이 된 자리
▶통기홈 : 공기가 통하는 구멍	

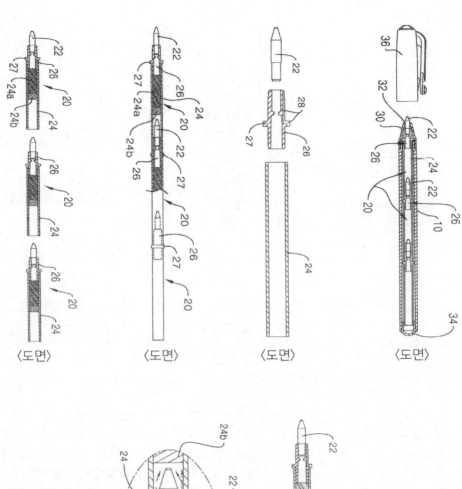

〈도면〉 〈도면〉 〈도면〉 〈도면〉

〈도면〉

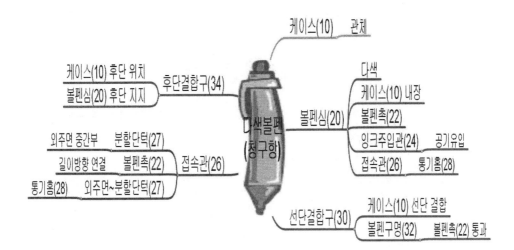

케이스(10)　관체

케이스(10) 후단 위치　　　후단결합구(34)
볼펜심(20) 후단 지지

다색
케이스(10) 내장
볼펜촉(22)
잉크주입관(24)　공기유입
접속관(26)　통기홈(28)

볼펜심(20)

다색볼펜
(청구항)

외주면 중간부　분할단턱(27)
길이방향 연결　볼펜촉(22)　접속관(26)
통기홈(28)　외주면~분할단턱(27)

선단결합구(30)　케이스(10) 선단 결합
볼펜구멍(32)　볼펜촉(22) 통과

• 청구항 •

선, 후단에 각각 구멍이 형성된 관체로 이루어진 케이스(10)와, 다수의 색상으로 각각 구비된 볼펜심(20)을 길이 방향으로 서로 연결하여 케이스(10)내에 내장하고 볼펜촉(22)과 잉크주입관(24)사이에 통기홈(28)이 형성된 접속관(26)을 결합하여 볼펜심(20)이 서로 연결된 부분의 잉크주입관(24)후단에 공기가 유입되게 한 볼펜심(20)과, 상기 케이스(10)의 선단에 결합되며 중앙에는 상기 볼펜심(20)중에서 볼펜심 최선단의 볼펜촉(22)이 통과할 수 있는 볼펜구멍(32)이 형성된 선단결합구(30)와, 상기 케이스(10)의 후단에 위치하여 최후단의 볼펜심(20)후단을 지지하는 후단결합구(34)로 이루어지되, 상기 접속관(26)은 외주면 중간부에 분할단턱(27)이 형성되어 일측단부에 볼펜심(20)의 볼펜촉(22)부분을 끼워 길이방향으로 연결하도록 되어 있고 상기 볼펜촉(22)이 끼워지는 접속관(26)의 외주면에서 분할단턱(27)에 이르는 부분에 적어도 하나 이상의 통기홈(28)을 형성하여서 됨을 특징으로 하는 다색 볼펜.

−전문기술용어−

▶ 촉 : 긴 물건의 끝에 박힌 뾰족한 것
▶ 유입 : 물이 어떤 곳으로 흘러듦
▶ 단턱 : 평평한 곳의 어느 한 부분이 갑자기 조금 높이 된 자리
▶ 외주면 : 바깥 둘레 면

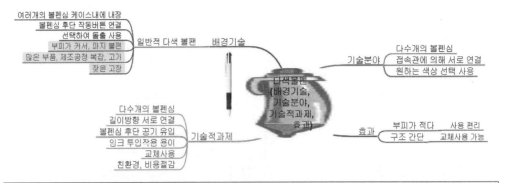

여러개의 볼펜심 케이스내에 내장
볼펜심 후단 작동버튼 연결
선택하여 돌출 사용
부피가 커서, 파지 불편
많은 부품, 제조공정 복잡, 고가
잦은 고장

일반적 다색 볼펜   배경기술

기술분야   다수개의 볼펜심
접속관에 의해 서로 연결
원하는 색상 선택 사용

다색볼펜
(배경기술,
기술분야,
기술적과제,
효과)

다수개의 볼펜심
길이방향 서로 연결
볼펜심 후단 공기 유입
잉크 투입작용 용이
교체사용
친환경, 비용절감

기술적과제

효과   부피가 적다   사용 편리
구조 간단   교체사용 가능

• 기술분야, 배경기술, 기술적 과제, 효과 •

▶**기술분야** : 본 고안은 다색 볼펜에 관한 것으로, 더욱 구체적으로는 서로 다른 다수 개의 볼펜심을 통기구멍이 형성된 접속관에 의해 길이방향으로 서로 연결하여 원하는 색상을 선택 사용할 수 있는 다색 볼펜에 관한 것이다.

▶**배경기술** : 일반적인 다색 볼펜은 케이스의 선단결합구에 볼펜촉이 집합된 형태로 여러 개의 볼펜심을 케이스 내에 내장시키고 각 볼펜심의 후단을 작동버튼에 각각 연결되게 끼운 다음 작동버튼에 의해 선택된 볼펜심의 볼펜촉을 돌출 사용할 수 있도록 한 것으로 되어 있는바, 이와 같은 구조는 케이스의 부피가 너무 커서 투박하고 파지하는데 불편이 있었을 뿐만 아니라 많은 부품이 조립된 것이어서 제작 및 조립공정이 많기 때문에 고가이며, 정밀제작이 되지 않으면 사용 시 고장이 자주 일어나는 문제점이 있었다.

▶**기술적 과제** : 본 고안은 이와 같은 문제점을 해결하고 사용자가 사용하기 편리한 다색 볼펜을 제공하기 위한 것으로서 볼펜심과 또 다른 볼펜심을 길이방향으로 서로 연결하여 케이스 내에 내장시키되 볼펜심 후단에 공기가 유입되어 잉크의 투입작용이 용이하게 이루어지도록 한 구성으로 원하는 색상의 볼펜심을 선택 사용할 수 있는 다색 볼펜을 제공함을 목적으로 한다. 또한, 상기 볼펜심은 선택적으로 별도 구입하여 사용할 수 있는 교체사용 할 수 있도록 한 구성으로 친환경적이고 비용도 절감할 수 있도록 함에 있다.

▶**효과** : 이와 같이 본 고안의 다색 볼펜은 볼펜심과 또 다른 볼펜심을 길이방향으로 서로 연결하여 케이스 내에 내장시키되 볼펜심 후단의 잉크주입관에 공기가 원활하게 유입되어 잉크의 투입작용이 용이하게 이루어지도록 한 구성에 의해 원하는 색상의 볼펜심을 앞뒤로 연결하는 순서를 바꿔 선택적으로 사용할 수 있게 되므로 종래와 같이 부피가 크지 않으면서 편리하게 사용할 수 있고 그 구조도 간단하며 교체사용도 가능한 다색 볼펜을 갖게 되는 이점이 있다.

-전문기술용어-

▶ 돌출 : 툭 튀어나옴
▶ 투박 : 생김새가 볼품없이 둔하고 튼튼하기만 하다

▶ 파지 : 꽉 움키어 쥐고 있음
▶ 후단 : 뒤쪽의 끝
▶ 절감 : 아끼어 줄임

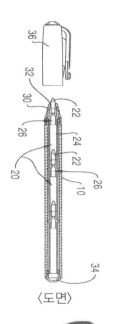

〈도면〉

볼펜심(20) 케이스(10)에 길이방향으로 내장

후단결합구(34) 볼펜심 후단 지지

볼펜구멍(32) 볼펜촉(22) 통과

다색볼펜
(구성 및 작용 1)

● **구성 및 작용 1** ●

　도 1은 본 고안에 따른 다색 볼펜의 전체적인 구성을 나타낸 단면도로서, 본 고안의 다색 볼펜은 여러 가지 색상의 잉크가 들어있는 각각의 볼펜심(20)이 접속관(26)에 의해 길이방향으로 서로 연결되어 케이스(10)에 내장되어 있고 그 케이스(10)선단의 선단결합구(30)에 형성된 볼펜구멍(32)에는 볼펜심 최선단의 볼펜촉(22)이 통과된 상태로 돌출되어 있고 케이스(10) 후단의 후단결합구(34)는 최후단의 볼펜심 후단을 밀착상태로 지지하고 있으며 상기 선단결합구(30)는 뚜껑(36)으로 덮여있는 상태로 되어 있다.

－전문기술용어－

▶ 촉 : 긴 물건의 끝에 박힌 뾰족한 것
▶ 밀착 : 빈틈없이 단단히 붙음
▶ 후단 : 뒤쪽의 끝

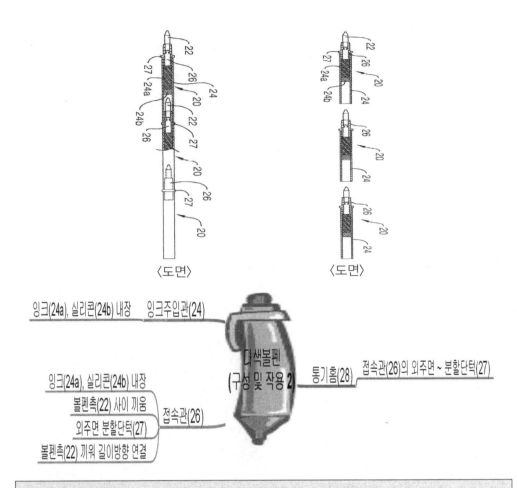

<도면>　　　　　　　<도면>

잉크(24a), 실리콘(24b) 내장　　잉크주입관(24)

다색볼펜
(구성 및 작용 2)

통기홈(28)　접속관(26)의 외주면 ~ 분할단턱(27)

잉크(24a), 실리콘(24b) 내장

볼펜촉(22) 사이 끼움　　　　접속관(26)

외주면 분할단턱(27)

볼펜촉(22) 끼워 길이방향 연결

● 구성 및 작용 2 ●

　　도 2 및 도 3은 본 고안의 다색 볼펜에 사용되는 볼펜심의 연결 및 분리상태를 나타
낸 단면도로서, 잉크(24a)와 실리콘(24b)이 내장된 잉크주입관(24)과 선단의 볼펜촉(22)
사이에 접속관(26)을 끼우되 그 접속관(26)은 외주면 중간부에 분할단턱(27)이 형성되어
일측단부에 볼펜심(20)의 볼펜촉(22)부분을 끼워 길이방향으로 연결하도록 되어 있고 상
기 볼펜촉(22)이 끼워지는 접속관(26)의 외주면에서 분할단턱(27)에 이르는 부분에 적어
도 하나 이상의 통기홈(28)을 형성하여서 된 것이다.

－전문기술용어－

▸ 촉 : 긴 물건의 끝에 박힌 뾰족한 것　　▸ 단턱 : 평평한 곳의 어느 한 부분이
▸ 접속관 : 서로 맞대어 잇는 관　　　　　　　　　　　 갑자기 조금 높이 된 자리
▸ 외주면 : 바깥 둘레 면　　　　　　　　▸ 통기홈 : 공기가 통하는 구멍

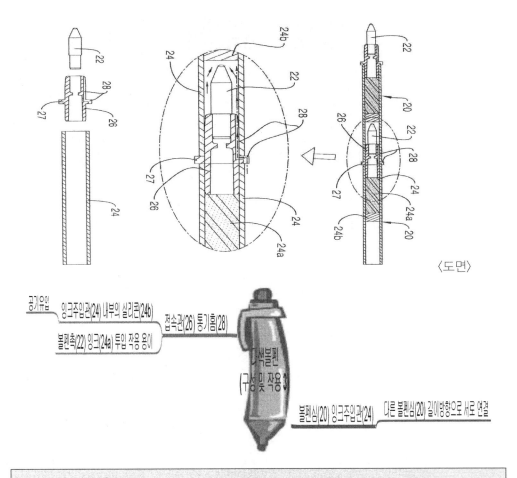

〈도면〉

공기유입 | 잉크주입관(24) 내부의 실리콘(24b) | 접속관(26) 통기홈(28)

볼펜촉(22) 잉크(24a) 투입 작용 용이

다색볼펜
(구성 및 작용 3)

볼펜심(20) 잉크주입관(24) | 다른 볼펜심(20) 길이방향으로 서로 연결

• 구성 및 작용 3 •

　도 4 및 도 5는 본 고안의 다색 볼펜의 볼펜심 구성과 작용상태를 나타낸 것으로서, 볼펜심(20)의 잉크주입관(24)에 또 다른 볼펜심(20)이 길이방향으로 서로 연결되어 있고 최선단의 볼펜심(20)은 접속관(26)에 형성된 통기홈(28)에 의해 잉크주입관(24)내부의 실리콘(24b)부분에 공기가 유입되어 볼펜심(20)의 볼펜촉(22)에 잉크(24a)의 투입작용이 용이하게 이루어지도록 한 구성으로 되어 있기 때문에 최선단에 선택적으로 끼워져서 원하는 색상으로 사용되는 볼펜심(20)은 잉크주입관(24)에 또 다른 볼펜심(20)이 끼워지더라도 볼펜촉(22)으로 이동되는 잉크 투입작용에 지장을 주지 않도록 되어 있다.

-전문기술용어-

▶통기홈 : 공기가 통하는 구멍	▶투입 : 던져 넣음
▶유입 : 물이 어떤 곳으로 흘러듦	

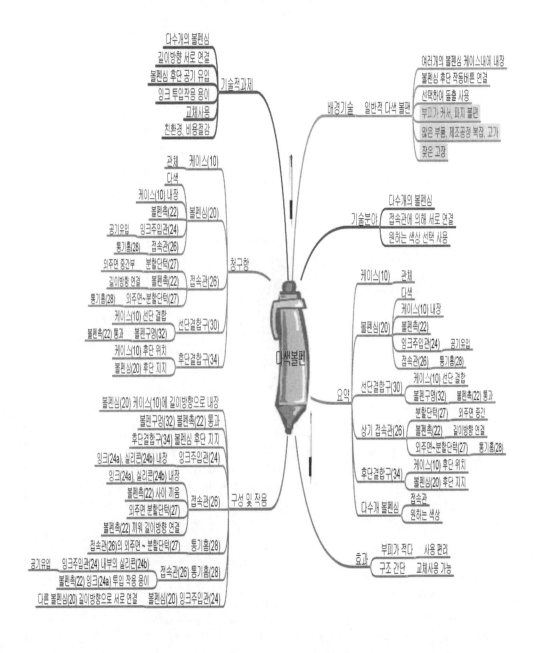

기술적과제
- 다수개의 볼펜심
- 길이방향 서로 연결
- 볼펜심 후단 공기 유입
- 잉크 투입작용 용이
- 교체사용
- 친환경, 비용절감

배경기술 — 일반적 다색 볼펜
- 여러개의 볼펜심 케이스내에 내장
- 볼펜심 후단 작동버튼 연결
- 선택하여 돌출 사용
- 부피가 커서, 파지 불편
- 많은 부품, 제조공정 복잡, 고가
- 잦은 고장

청구항
- 케이스(10) — 관체, 다색
- 볼펜심(20) — 케이스(10) 내장
  - 볼펜촉(22)
  - 잉크주입관(24) — 공기유입
  - 접속관(26) — 통기홈(28)
  - 분할단턱(27) — 외주면 중간부
  - 볼펜촉(22) — 길이방향 연결
- 접속관(26)
  - 외주연~분할단턱(27) — 통기홈(28)
- 선단결합구(30) — 케이스(10) 선단 결합
  - 볼펜구멍(32) — 볼펜촉(22) 통과
- 후단결합구(34) — 케이스(10) 후단 위치
  - 볼펜심(20) 후단 지지

기술분야
- 다수개의 볼펜심
- 접속관에 의해 서로 연결
- 원하는 색상 선택 사용

요약
- 케이스(10) — 관체, 다색
- 볼펜심(20) — 케이스(10) 내장
  - 볼펜촉(22)
  - 잉크주입관(24) — 공기유입
  - 접속관(26) — 통기홈(28)
- 선단결합구(30) — 케이스(10) 선단 결합
  - 볼펜구멍(32) — 볼펜촉(22) 통과
- 상기 접속관(26)
  - 분할단턱(27) — 외주면 중간
  - 볼펜촉(22) — 길이방향 연결
  - 외주연~분할단턱(27) — 통기홈(28)
- 후단결합구(34) — 케이스(10) 후단 위치
  - 볼펜심(20) 후단 지지
- 다수개 볼펜심 — 접속관, 원하는 색상

구성 및 작용
- 볼펜심(20) 케이스(10)에 길이방향으로 내장
- 볼펜구멍(32) 볼펜촉(22) 통과
- 후단결합구(34) 볼펜심 후단 지지
- 잉크주입관(24) — 잉크(24a), 실리콘(24b) 내장
- 접속관(26)
  - 잉크(24a), 실리콘(24b) 내장
  - 볼펜촉(22) 사이 끼움
  - 외주면 분할단턱(27)
  - 볼펜촉(22) 끼워 길이방향 연결
- 통기홈(28) — 접속관(26)의 외주연~분할단턱(27)
- 통기홈(28) — 접속관(26)
- 공기유입 — 잉크주입관(24) 내부의 실리콘(24b)
- 볼펜촉(22) 잉크(24a) 투입 작용 용이
- 다른 볼펜심(20) 길이방향으로 서로 연결 — 볼펜심(20) 잉크주입관(24)

효과
- 부피가 적다 — 사용 편리
- 구조 간단 — 교체사용 가능

다색볼펜

6) 제6단계

▶ 전체 마인드맵 분석을 통해 나의 아이디어를 비교분석하고 구획정리한다.

(1) 다색볼펜

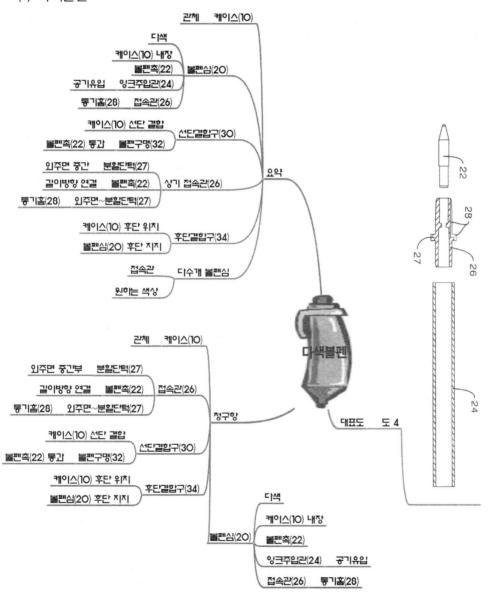

7) 제7단계

► 아이디어를 중심으로 나의 블루오션 명세서를 작성한다.

(1) 특허 출원

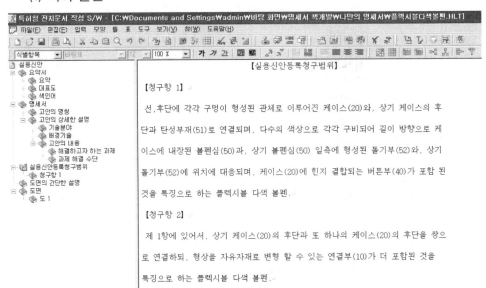

【실용신안등록청구범위】

【청구항 1】

선,후단에 각각 구멍이 형성된 관체로 이루어진 케이스(20)와, 상기 케이스의 후단과 탄성부재(51)로 연결되며, 다수의 색상으로 각각 구비되어 길이 방향으로 케이스에 내장된 볼펜심(50)과, 상기 볼펜심(50) 일측에 형성된 돌기부(52)와, 상기 돌기부(52)에 위치에 대응되며, 케이스(20)에 힌지 결합되는 버튼부(40)가 포함 된 것을 특징으로 하는 플렉시블 다색 볼펜.

【청구항 2】

제 1항에 있어서, 상기 케이스(20)의 후단과 또 하나의 케이스(20)의 후단을 쌍으로 연결하되, 형상을 자유자재로 변형 할 수 있는 연결부(10)가 더 포함된 것을 특징으로 하는 플렉시블 다색 볼펜.

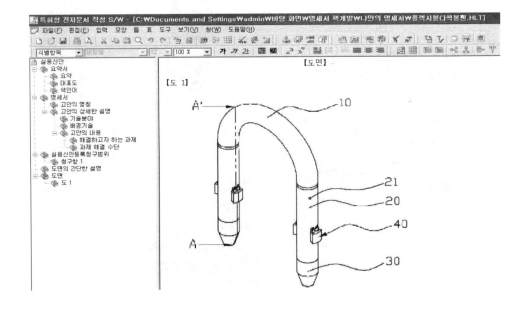

(2) 나의 최종 특허명세서 전문

【요약서】
【요약】
　본 고안은 플렉시블 다색 볼펜에 관한 것으로, 특히, 모양을 자유자재로 변형할 수 있는 플렉시블한 소재의 연결부로 연결된 한 쌍의 케이스와, 탄성부재와 볼펜심의 돌기부로 간편하게 구성되어 원하는 색상을 간편하게 사용할 수 있으면서, 재미까지 불러일으키는 플렉시블 다색 볼펜에 관한 것이다.

〉
〉
중략
〉
〉

【대표도】
도 2

【색인어】
플렉시블, 볼펜, 다색, 다색 볼펜, 볼펜심, 탄성

【명세서】

【고안의 명칭】
플렉시블 다색 볼펜 {Flexible Multicolored Ballpen}

【고안의 상세한 설명】

【기술 분야】
　본 고안은 플렉시블 다색 볼펜에 관한 것으로, 특히, 모양을 자유자재로 변형할 수 있는 플렉시블한 소재의 연결부로 연결된 한 쌍의 케이스와, 탄성 부재와 볼펜심의 돌기부로 간편하게 구성되어

〉
중략
〉

【배경기술】

일반적인 다색 볼펜은 케이스의 선단 결합구에 볼펜 촉이 집합된 형태로 여러 개의 볼펜심을 케이스 내에 내장시키고 각 볼펜심의 후단을 작동버튼에 각각 연결 되게 끼운 다음 작동버튼에 의해 선택된 볼펜심의 볼펜 촉을 돌출 사용할 수 있도록 되어 있다.

≀
≀
중략
≀
≀

【고안의 내용】

【해결하고자 하는 과제】

본 고안은 이와 같은 문제점을 해결하기 위해 안출한 것으로, 선, 후단에 각각 구멍이 형성된 관체로 이루어진 케이스(20)와, 상기 케이스의 후단과 탄성부재(51) 로 연결되며, 다수의 색상으로 각각 구비되어 길이 방향으로 케이스에 내장된 볼펜 심(50)과, 상기 볼펜심(50) 일측에 형성된 돌기부(52)와,

≀
≀
중략
≀
≀

【과제 해결 수단】

선, 후단에 각각 구멍이 형성된 관체로 이루어진 케이스(20)와, 상기 케이스의 후단과 탄성부재(51)로 연결되며, 다수의 색상으로 각각 구비되어 길이 방향으로 케이스에 내장된 볼펜심(50)과, 상기 볼펜심(50) 일측에 형성된 돌기부(52)와, 상기 돌기부(52)에 위치에 대응되며, 케이스(20)에 힌지 결합되는 버튼부(40)가 포함 된 것을 특징으로 한다.

≀
≀
중략
≀
≀

【효과】

이와 같이 본 고안의 플렉시블 다색 볼펜은 모양을 자유자재로 변형 할 수 있는 플렉시블한 소재의 연결부로 연결된 한 쌍의 케이스와, 탄성부재와 볼펜심의 돌기부로 간편하게 구성되어 원하는 색상을 간편하게 사용 할 수 있으면서, 재미까지 불러일으키는 효과가 있다.

〜
〜
중략
〜
〜

【고안의 실시를 위한 구체적인 내용】

본 명세서 및 청구범위에 사용된 용어나 단어는 통상적이거나 사전적인 의미로 한정해서 해석되어서는 안 되며, 고안자는 그 자신의 고안을 가장 최선의 방법으로 설명하기 위해 용어의 개념을 적절하게 정의할 수 있다는 원칙에 입각하여 본 고안의 기술적 사상에 부합하는 의미와 개념으로 해석되어야만 한다.

따라서 본 명세서에 기재된 실시 예와 도면에 도시된 구성은 본 고안의 가장 바람직한 일 실시 예에 불과할 뿐이고 본 고안의 기술적 사상을 모두 대변하는 것은 아니므로, 본 출원시점에 있어서 이들을 대체할 수 있는 다양한 균등물과 변형 예들이 있을 수 있음을 이해하여야 한다.

〜
〜
중략
〜
〜

【실용신안등록청구범위】
【청구항 1】

선, 후단에 각각 구멍이 형성된 관체로 이루어진 케이스(20)와, 상기 케이스의 후단과 탄성부재(51)로 연결되며, 다수의 색상으로 각각 구비되어 길이 방향으로 케이스에 내장된 볼펜심(50)과,

〜
〜
중략
〜
〜

【청구항 2】

제 1항에 있어서, 상기 케이스(20)의 후단과 또 하나의 케이스(20)의 후단을 쌍으로 연결하되,

⟨
⟨
중략
⟨
⟨

【도면의 간단한 설명】

도 1은 본 고안의 플렉시블 다색볼펜의 사시도

도 2는 본 고안의 동작과 도 1의 A−A'의 단면도를 나타낸 단면도

도 3은 본 고안의 플렉시블 다색볼펜의 모양을 변형 한 것을 나타낸 사시도

● 도면의 주요 부호 설명 •

10 : 연결부	20 : 케이스
30 : 선단부	40 : 버튼부
50 : 볼펜심	51 : 탄성부재
52 : 돌기부	

【도면】

〈도 1〉

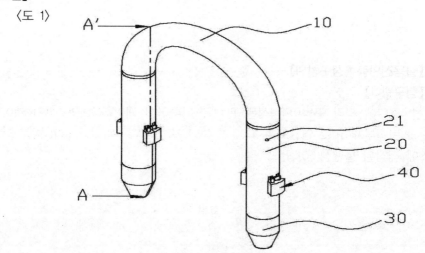

〈도 2〉

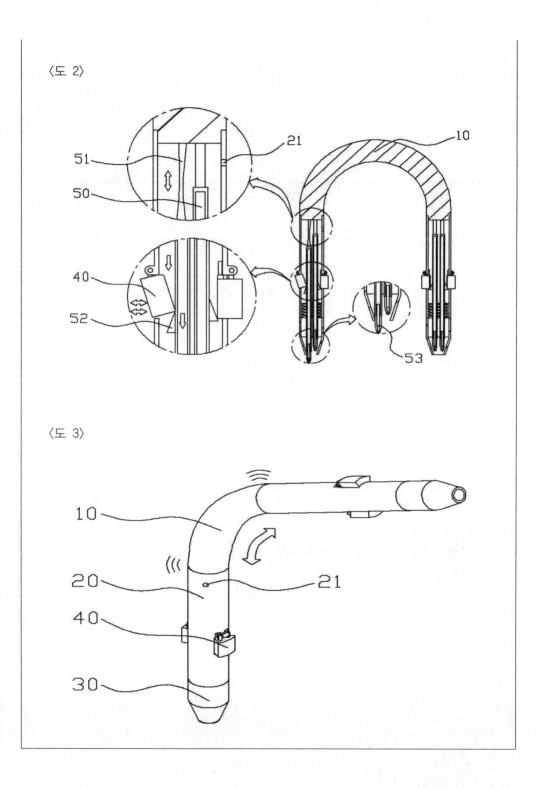

〈도 3〉

8) 제 8단계

► 특허명세서를 특허법 중심의 CHECK LIST로 최종 점검한다.

(1) 발명(고안)의 명칭

NO	check list	결과는 (O, X표시)
1	발명(고안)의 내용을 빠르게 파악될 수 있도록 간단명료한 국문 명칭(영문 명칭은 중괄호{ }에 기입)이 정하여졌는가?	
2	발명(고안)의 명칭은 특허청구 범위에 사용된 용어와 동일한 기술용어를 사용하고 있는가?	
3	발명(고안)의 명칭이 청구항의 말미에 사용되는 용어와 일치되었는가?	
4	발명(고안)의 내용과 직접적인 관련이 없는 개인명, 상품명, 애칭, 추상적인 성능표현 등의 용어가 발명(고안)의 명칭으로 사용되었는가? (예 : 개량된, 최신식, 문명식, 발명특허 등은 사용치 않는다.)	

【작성예시】
【발명(고안)의 명칭】 : 수정액 용기{correction fluid container}
【발명(고안)의 명칭】 : 화상을 표시할 수 있는 정보입력장치
　　　　　　　　　　　　　{information input out put device}

(2) 기술 분야

NO	check list	결과는 (O, X표시)
1	발명(고안)의 대상인 장치, 방법, 물품 등이 어느 분야에 적용되는지와 무엇에 관한 것인지를 명확하게 작성되었는가?	
2	기술 분야의 작성은 '본 발명(고안)은 ~에 관한 것으로서, 특히(더욱 구체적으로는) ~하는 장치(발명)에 관한 것이다' 라는 형식으로 기재되었는가?	

【작성예시】

본 고안은 다색 볼펜에 관한 것으로 특히 서로 다른 다수개의 볼펜심을 통기 구멍이 형성된 접속관에 의해 길이 방향으로 서로 연결하여 원하는 색상을 선택 사용할 수 있는 다색 볼펜에 관한 것이다.

(3) 배경기술

NO	check list	결과는 (O, X표시)
1	발명(고안)과 관련된 가장 가깝고 밀접한 기술이 포함된 참고 문헌이나 특허문헌이 기재되었는가?	
2	기재된 문헌의 명칭 및 상세한 내용(구성 및 작동 등)이 기재되어 있는가?	
3	종래기술의 문제점과 관련된 내용을 간단히 기술되고 있는가?	
4	특정 발명 및 제품의 비판을 피하고, 객관적인 사실에 치중하고 있는가?	

【작성예시 1】
　♡공지된 문헌인용인 경우
　'도1은 대한민국 특허공개 공보(또는 특허 제0000호) 00000호에 도시된 종래의 ~장치를 도시하는 단면도이며, 도면에서 (10)은 ~이고 (20)은 이(10)에 조립 가능하게 장착된 ~이다.'

【작성예시 2】
　♡도면 첨부인용
　도5 및 도7은 종래에 사용되고 있었던 ~을 나타낸다. 그런데 상기와 같은 종래의 기술 구성은 다음과 같은 문제들이 있었다.

(4) 해결하려는 과제

NO	check list	결과는 (O, X표시)
1	종래기술의 문제점이 분석되었는가?	
2	종래기술과 관련된 문제점으로부터, 발명(고안)이 해결하고자 하는 과제가 기재되었는가?	
3	배경 기술의 기술적 문제점의 해결 방안으로서, 방법, 수단, 기구, 공정, 재료 등이 명확히 작성되었는가?	
4	「해결 하려는 과제」의 작성은 '본 발명(고안)은 상기와 같은 문제점을 해결하기 위한 것으로 ~하는 것에 의해서 ~를 열고자 하는 것을 목적으로 한다' 라는 형식으로 기재되었는가?	

【작성예시】

　본 고안이 이루고자 하는 기술적 과제는 상기 문제점을 해결하여 한 번의 필기만으로 쓰는 방향에 따라 2색이 동시에 써지거나, 2색이 서로 섞여 제 3의 다른 색으로 보여, 필기를 하거나 중요한 서술 부분을 강조하는데 유용한 다중 색상 볼펜심을 제공하는 것이다. 본 고안이 이루고자 하는 또 다른 기술적 과제는 상기 다중 색상 볼펜심을 구비하는 볼펜을 제공하는 것이다.

(5) 과제의 해결수단

NO	check list	결과는 (O, X표시)
1	발명(고안)이 이루고자 하는 기술적 과제를 해결하기 위한 기술적 수단과 그 작용이 기재되어 있는가?	
2	발명(고안)의 구성이 기능에 관한 것이면, 개개의 기술적 수단의 기능, 관련성(작용)이 기재되어 있는가?	
3	과제 해결 수단의 작성은 '본 발명(고안)에 의한 장치(방법)는 ~하기 위해 ~를 ~하고, ~중략(본 발명의 과제 해결 수단을 기재) ~하여 ~하게 ~하는 것이다' 라는 형식으로 기재한다.	

【작성예시】

본 고안에 따른 상부가 경사진 종이컵은 뜨거운 물을 부어서 취식하는 식품에 사용되는 일회용 종이컵으로서, 종이컵의 몸체를 형성하고, 펼쳤을 때 ~더 길게 형성된; 측면부 ~형성된 롤링부; ~접합되는 지면부;를 포함하며 ~인 것을 특징으로 한다.

(6) 발명의 효과

NO	check list	결과는 (O, X표시)
1	발명(고안)의 내용을 정확하게 제 3자가 이해할 수 있도록 해당 발명(고안)의 목적 및 특유의 효과가 설명 되어 있는가?	
2	배경 기술과 비교하여 유리한 효과가 발생되도록 결과 중심으로 기재되었는가?	
3	경제적인 효과는 삭제되고, 기술적인 효과위주로 작성 되었는가?	
4	청구범위의 독립항에 기재된 발명(고안)내용의 효과가 기재되었는가?	
형식	「효과」의 작성은 '이상과 같이 본 발명(고안)에 의하면 ~을 ~과 같이 구성하였으므로 ~한 특성을 향상시킬 수 있다' 라는 형식으로 기재한다.	

【작성예시】

이상에서와 같이 본 고안에 따른 티백이 내장된 종이컵에 따르면, 티백이 물에서 부유하지 못하게 하여 티백에 수용된 내용물이 물에 보다 잘 용해될 수 있는 특징이 있다. 또한 종이컵의 배면에 광고판을 부착하여 광고 효과를 나타낼 수 있는 장점이 있다.

(7) 도면의 간단한 설명

NO	check list	결과는 (O, X표시)
1	도면에 나타난 구성이 발명(고안)의 목적 및 구성이 일으키는 작용과 관련해서 모순이 없도록 기재되었는가?	
2	도면 구성시 사시도, 투상도, 단면도 간에 내용이 상호 일치되고 있는가? ► 사시도 : 입체도 라고도 하며, 물체의 3면(상면, 측면, 정면)이 보일 수 있도록 나타낸 도면 ► 투상도 : 정면도를 기준으로 필요한 방향에서 본 도면 • 정 면 도 : 물체를 앞에서 본 도면 • 배 면 도 : 물체를 뒤에서 본 도면 • 좌측면도 : 물체를 좌측에서 본 도면 • 우측면도 : 물체를 우측에서 본 도면 • 평 면 도 : 물체를 위에서 본 도면 • 저 면 도 : 물체를 아래에서 본 도면 ► 단면도 : 필요한 부분을 절단한 것을 가정하여 실선으로 정확하게 표시한 것(전단면도, 부분단면도)	
3	【도면의 간단한 설명】 란에는 첨부한 도면의 각 '도' 가 무엇을 표시하는지 간단명료하게 명사형으로 되었는가? [예] 도 1은 ～을 나타낸 정면도	
4	연속적인 번호 사용은 피하면서 도면부호가 구성요소별로, 이해하기 쉽도록 일목요연하게 부여되었는가? [예] 도면의 주요부분에 대한 부호 설명 20 : 고정부, 21 : 고정홈, 30 : 지지편	
5	모든 도면에서 동일한 기능을 갖는 구성요소는 동일한 부호를 사용하고, 반복적인 설명은 생략되었는가?	

(8) 발명(고안)의 실시를 위한 구체적인 내용 (실시 예, 산업상이용 가능성)

NO	check list	결과는 (O, X표시)
1	발명(고안)의 구성이 재현 가능하도록 첨부도면에 의해 각 구성요소별로 구조, 기능, 동작 및 요소간의 결합관계 등을 순서에 의해 상세히 작성되었는가?	
2	청구항에 기재된 구성요건과의 대응이 확실하게 되도록 작성되었는가?	
3	실시 예는 대응 개소의 도면부로를 기술용어 다음에 ( )를 표시하여 기재되었는가?	
형식	도 3은 '〜에 있어서 (5)와 (25)가 (5)의 중간에 부착된〜, (27)은 〜하는 〜이다' 라는 형식으로 기재되었는가?	

【작성예시】
　교재의 '블루오션 특허명세서 사례분석'에서 '발명(고안)의 실시를 위한 구체적인 내용' 참조

(9) 특허(실용신안)청구 범위

NO	check list	결과는 (O, X표시)
1	청구항에 기재된 발명(고안)의 범위 간결, 명확하게 기재되어 있고, 하나의 청구항에 2개 이상의 발명(고안)이 기재되지 않도록 구성되었는가? (예 : ～으로 이루어지는～ 장치 또는 방법)	
2	청구항이 발명(고안)의 구체적인 내용에 충분히 설명된 내용(구조, 방법, 기능, 물질 또는 이들의 결합 관계)만으로 기재되었으며, 상세한 설명과 청구항에 기재된 발명 상호간에 용어가 통일되었는가?	
3	청구항에 발명(고안)의 구성을 불명확하게 표현이 기재되지 않았는가? (예: 소망에 따라, 필요에 따라, 특히, 대략, 약 등)	
4	작성된 독립항이 다른 청구항을 인용하지 않은 형태로 기재 되었으며, 발명(고안)의 구성에 꼭 필요한 사항이 모두 기재되었는가?	
5	작성된 종속항은 독립항을 한정하거나 부가하여 구체화하는 청구항으로서, 종속항에서 인용되는 독립항의 특징을 모두 포함해있는가? 예:【청구항1】 ○○(독립항) 　　【청구항2】 청구항1에 있어서○○(종속항) 　　【청구항3】 청구항2에 있어서○○(종속항의 종속항)	
형식	첨부자료 참조	

【작성예시】
　교재의 '블루오션 특허명세서 사례분석'에서 '특허(실용신안)청구 범위' 참조

첨부: 청구항 작성요령

형 식	작성 내용
▸ 전제부	▸ 발명의 요약기재 ▸ 발명의 기술분야 기재 ▸ 종래 기술기재 ▸ 목적기술기재(~에 있어서) [작성예시] 　홈 체와, 바닥판과, 받침대로 구성되되, 내부에는 티백이 수용된 종이컵에 있어서,
본문부 (특징부)	▸ 발명의 상세한 설명에 의하여 뒷받침되는 구성요소 기재 ▸ 발명의 핵심적 구성요소 기재 ▸ 보호받으려고 하는 실질적인 구성 요소 기재 ▸ 주요 필수구성 요소 나열 [작성예시] 　상기 바닥판의 천공되는 단일의 천공 홈 및 ~타단은 상기 바닥판의 천공 홈에 연결되는 와이어,
연결부	▸ 연결용어 　~로 구성된○○○ 　~로 이루어진 것을 특징으로 하는○○○ 　~하는 것을 특징으로 하는○○○ 　~을 구비한○○○ [작성예시] 　~볼펜심 후단을 포함하여 구성된 다색볼펜,
종결부	▸ 발명의 카테고리 기재 　~주로 발명(고안)의 명칭과 동일환 용어 사용 　~장치(물품명) 　~방법, 장치 및 방법 [작성예시] 　~티백이 내장된 종이컵.

(10) 요약서

NO	check list	결과는 (O, X표시)
1	간단명료하게 발명(고안)의 기술 분야, 해결 방법 및 용도 등이 기술정보 제공 역할차원에서 간략히 서술되었는가?	
2	【색인어】 란에는 발명(고안)을 구성하는 내용과 관련된 주요색인어 (5개 내외)가 기재되어 있는가?	
(예)	플렉시블, 볼펜, 탄성, 다색 볼펜	

도움이 되는

특허명세서 모음

공개실용신안 20-2010-0001525

(19) 대한민국특허청(KR)	(11) 공개번호　20-2010-0001525
(12) 공개실용신안공보(U)	(43) 공개일자　2010년 02월 10일

(51) Int . CI.
　A63H 1/00 (2006.01)　*A63H 1/10* (2006.01)

(21) 출원번호　　　20-2008-0010325

(22) 출원일자　　　2008년 08월 01일
　　심사청구일자　2008년 08월 01일

전체 청구항 수 : 총 7 항

(71) 출원인
　김병구
　서울 강동구 천호3동 태영아파트 101-610
(72) 고안자
　김병구
　서울 강동구 천호3동 태영아파트 101-610
(74) 대리인
　특허법인 우린

(54) 팽이 완구

(57) 요 약

　본 고안은 동력 전달장치 없이도 지속적으로 동력을 전달할 수 있도록 돌기부를 구비한 팽이 완구에 관한 것이다. 본 고안은 회전축(40')중심으로 대칭되게 형성되는 원추형의 몸체부(10)와; 상기 몸체부(10)의 상면 외주 연으로부터 상기 회전축(40')에 대하여 수직방향으로 돌출되고, 상기 회전축(40')을 중심으로 대칭되는 위치에 방사형으로 구비되는 복수의 파지핑거(20)를 포함하여 구성된다. 이와 같은 본 고안에 의하면, 동력전달 장치 없이도 팽이의 회전을 가능하게 하고, 팽이 회전 중에도 지속적으로 동력을 전달할 수 있도록 파지핑거를 구비함으로서 구성이 간단하고 조직이 편리하며, 손동작에 의하여 팽이를 구동할 수 있으므로 유아의 말초신경 발달에 효과적이고, 별도의 조립 공정이나 별도의 부속 제조과정 없이도 용이하게 제조가능하고, 사용 중 잔고장이나 제품파손의 우려가 적다는 장점이 있다.

대 표 도 - 도2a

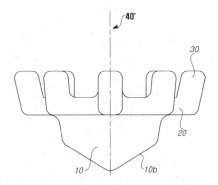

실용신안 등록청구의 범위

청구항 1

회전축을 중심으로 대칭되게 형성되는 원추형의 몸체부와;

회전 중에 회전방향으로 물리적인 힘을 받을 수 있도록 상기 몸체부의 상면 외주연으로부터 상기 회전축을 중심으로 대칭되는 위치에 외측으로 연장되는 복수의 파지핑거를 포함하여 구성됨을 특징으로 하는 팽이 완구.

청구항 2

제1항에 있어서,

상기 파지핑거는,

상기 몸체로부터 방사상으로 연장됨을 특징으로 하는 팽이 완구.

청구항 3

제1항에 있어서,

상기 파지핑거의 단부는,

상향으로 만곡됨을 특징으로 하는 팽이 완구.

청구항 4

제3항에 있어서,

상기 파지핑거의 단부는,

상기 파지핑거로부터 상하 양방향으로 연장됨을 특징으로 하는 팽이 완구.

청구항 5

제3항에 있어서,

상기 파지핑거의 단부는,

하향으로 만곡됨을 특징으로 하는 팽이 완구.

청구항 6

제3항에 있어서,

상기 파지핑거의 단부는,

구형으로 형성됨을 특징으로 하는 팽이 완구.

청구항 7

제1항 내지 제6항 중 어느 한 항에 있어서,

상기 몸체부와 상기 파지핑거는 일체로서 형성됨을 특징으로 하는 팽이 완구.

명 세 서

고안의 상세한 설명

기 술 분 야

[1001] 본 고안은 팽이 완구에 관한 것으로 보다 상세하게는 동력 전달 장치 없이도 지속적으로 동력을 전달할 수 있도록 파지핑거(bar)를 구비한 팽이 완구에 관한 것이다.

배 경 기 술

[1002] 일반적으로, 팽이란 회전축을 중심으로 대칭구조로서 원추형의 형태를 가지고 있으며, 외부로부터 회전력을 공급받아 회전력이 소멸되기까지 회전축을 중심으로 회전하는 놀이기구를 말한다.

[1003] 팽이가 쓰러지지 않고 회전하는 이유는 회전의 관성을 이용하기 때문인데, 다시 말하면 각 운동량 보존의 법칙이라고 한다. 각운동량이란 물체가 한 직선의 둘레로 언제나 같은 거리를 지속하고 도는 운동이며, 어떤 점에 대한 운동량의 모멘트, 곧 힘의 능률이라고 풀이된다. 즉, 회전하고 있는 물체는 밖에서 힘을 가하지 않으면 관성으로 공간 안에서 언제까지나 같은 운동을 계속 하려고 하기 때문에 외부로부터 힘이 가해지지 않는 한 팽이의 회전속도는 변하지 않고 회전축의 방향도 언제나 같은 방향을 향하고 있다는 것이다. 따라서 팽이의 회전이 차츰 느려지다가 멈추는 것은 공기의 저항이나 바닥과 회전축의 마찰이 외부 힘으로 작용하기 때문이다.

[1004] 종래의 팽이에 회전력을 가하는 방식은 실을 원추형의 몸체에 감아 던지거나 랙(rack)과 피니언(pinion) 구조를 응용해서 동력을 제공했지만, 상기와 같은 방식에서는 회전이 오래 지속되지 못하는 문제점이 있었다.

[1005] 또한 상기와 같은 방식은 별도의 동력 전달 장치가 필요하기 때문에 팽이를 구동하기 복잡하다는 단점이 있었다.

고안의 내용

해결하고자 하는 과제

[1006] 따라서 본 고안은 상기와 같은 종래의 문제점을 해결하기 위하여 안출된 것으로, 본

고안의 목적은 동력전달 장치 없이도 팽이의 회전을 가능하게 하고, 팽이 회전 중에도 지속적으로 동력을 전달할 수 있도록 파지핑거를 구비하는 팽이 완구를 제공하는 것이다.

[1007]   본 고안의 다른 목적은 전체가 일체로 구비되어, 별도의 조립 공정이나 별도의 부품 제조 과정 없이도 용이하게 제조가능하고, 사용 중 잔 고장이나 제품 파손의 우려가 적은 팽이 완구를 제공하는 것이다.

과제 해결수단

[1008]   상기한 바와 같은 목적을 달성하기 위한 본 고안의 특징에 따르면, 본 고안은 회전축을 중심으로 대칭되게 형성되는 원추형의 몸체부와; 회전 중에 회전 방향으로 물리적인 힘을 받을 수 있도록 상기 몸체부의 상면 외주연으로부터 상기 회전축을 중심으로 대칭되는 위치에 외측으로 연장되는 복수의 파지핑거를 포함하여 구성된다.

[1009]   이때 상기 파지핑거는, 상기 몸체로부터 방사상으로 연장될 수 있다.

[1010]   그리고 상기 파지핑거의 단부는, 상향 또는 하향으로 만곡될 수도 있고, 상기 파지핑거로부터 상하 양방향으로 연장될 수도 있다.

[1011]   또한 상기 파지핑거의 단부는, 구형으로 형성될 수도 있다.

[1012]   그리고 상기 몸체부와 상기 파지핑거는 일체로서 형성될 수 있다.

효 과

[1013]   이상에서 상세히 설명한 바와 같이 본 고안에 의한 팽이 완구에 의하면 다음과 같은 효과를 기대할 수 있다.

[1014]   즉, 동력 전달장치 없이도 팽이의 회전을 가능하게 하고, 팽이 회전 중에도 지속적으로 동력을 전달할 수 있도록 파지핑거를 구비함으로써 구성이 간단하고, 조작이 편리하다는 장점이 있다.

[1015]   그리고 본 고안에 의한 팽이 완구에 의하면 동력 전달장치 없이 손동작에 의하여 팽이를 구동할 수 있으므로 유아의 말초신경 발달에 효과적이라는 장점이 있다.

[1016]   또한 본 고안에 의한 팽이 완구에 의하면 전체가 일체로 구비되어, 별도의 조립 공정이나 별도의 부품 제조 과정 없이도 용의하게 제조가능하고, 사용 중 잔고장이나 제품 파손의 우려가 적다는 장점이 있다.

고안의 실시를 위한 구체적인 내용

[1017]   이하에서는 상술한 바와 같은 본 고안의 구체적인 실시 예에 의한 팽이 완구의 구성

을 첨부한 도면을 참조하여 상세하게 설명한다.

[1018] 도 1은 본 고안의 구체적인 실시 예에 의한 팽이 완구의 상면을 도시한 평면도이고, 도 2a 및 도 2b는 본 고안의 제1 및 제2 실시 예에 의한 팽이 완구의 측면을 도시한 측면도이며, 도 3은 본 고안의 구체적인 실시 예에 의한 팽이 완구의 저면을 도시한 저면도이다.

[1019] 도면에 도시한 바와 같이 본 고안의 구체적인 실시 예에 의한 팽이 완구는, 몸체부 (10)를 구비한다. 상기 몸체부(10)는 도 2에 도시한 바와 같이 대체적으로 원뿔형상을 갖고 회전축(40')을 중심으로 대칭으로 형성된다.

[1020] 여기서 본 고안의 구체적인 실시 예에 의한 팽이 완구를 상기 회전축(40')에 수직방향 으로 절단하였을 때의 각각의 단면과 상기 회전축(40')의 교점은 각각의 단면에 대한 무게중심이 된다.

[1021] 이때 상기 몸체부(10)가 이루는 원뿔형상의 꼭지점은 회전점(40)이 된다. 여기서 상기 회전점(40)은 본 고안의 구체적인 실시 예에 의한 팽이 완구의 회전 시 상기 팽이 완 구가 바닥면과 접촉하는 점이 된다.

[1022] 한편 상기 몸체부(10)가 이루는 원뿔형상의 밑면, 즉 상기 회전점(40)을 마주보는 상 기 몸체부(10)의 일면을 상기 몸체부(10)의 상면(10a)이라고 하고, 상기 몸체부(10)가 이루는 원뿔형상의 옆면을 상기 몸체부(10)의 측면(10b)라고 하면, 상기 몸체부(10)의 상면(10a)과 측면(10b)이 만나는 상기 몸체부(10)의 외주연에는 파지핑거(20)가 구비 된다.

[1023] 상기 파지핑거(20)는 도 1에 도시된 바와 같이 상기 몸체부(10)의 상면(10a)으로부터 외측으로 연장된다. 이때 상기 파지핑거(20)는 상기 회전축(40')을 중심으로 상사상으 로 외측을 향하여 연장될 수도 있다.

[1024] 그리고 상기 파지핑거(20)는 적어도 두 개 이상 구비되고, 상기 팽이 완구의 무게중심 이 상기 회전축(40')내에 위치하도록 상기 회전축(40')을 중심으로 대칭되게 형성된 다. 또한 상기 파지핑거(20) 각각은 동일한 형상 및 크기, 동일한 물질, 동일한 밀도 로 형성될 수 있다.

[1025] 한편 상기 팽이 완구의 상기 파지핑거(20)의 단부(30)는 상방 또는 하방으로 만곡될 수 있다.

[1026] 상기 복수의 파지핑거(20)의 단부(30) 각각의 형상, 크기 등이 모두 동일하여, 상기 회전축(40')을 중심으로 상기 팽이 완구가 회전할 수 있도록 한다.

[1027] 예를 들어, 도 2a에 도시된 바와 같이, 상기 단부(30)는 상기 파지핑거(20) 각각으로 부터 상기 팽이 완구가 회전할 때 상기 회전점(40)이 접촉하는 지면으로부터 상방으

로 연장되게 형성될 수 있다.

[1028] 또는 도 2b에 도시된 바와 같이 상기 단부(30)는 상기 파지핑거(20) 각각으로부터 상기 팽이 완구가 회전할 때 상기 회전점(40)이 접촉하는 지면의 상하 양방향으로 연장되게 형성될 수도 있다.

[1029] 또한 상기 단부(30)는 상기 파지핑거(20) 각각에 구형으로 형성될 수도 있는 등, 그 형상은 다양한 형상이 될 수 있다.

[1030] 그리고 상기 몸체부(10)와 상기 파지핑거(20)는 모두 동일한 소재로 일체로서 형성될 수 있다.

[1031] 이하에서는 상술한 바와 같은 본 고안에 의한 팽이 완구의 동작을 상세하게 설명한다.

[1032] 우선 사용자는 상기 팽이 완구의 상기 파지핑거(20) 부분을 파지하고 회전력을 전달하여 상기 팽이 완구를 지면 위에서 회전시킨다. 그에 따라 상기 팽이 완구의 상기 회전점(40)이 지면에 접촉하면서 상기 팽이 완구가 상기 회전축(40')을 중심으로 회전한다.

[1033] 사용자는 상기 팽이 완구의 회전력이 감소하여 상기 팽이 완구의 회전속도가 차츰 느려지면, 회전 중인 상기 팽이 완구의 상기 파지핑거(20)에 상기 팽이 완구의 회전방향으로 직접 물리적인 힘을 가하여 회전이 지속되도록 한다.

[1034] 그에 따라 상기 팽이 완구에 별도의 동력 전달 장치 없이 초기 구동력을 전달하고, 회전 중에도 직접적으로 회전력은 전달하여 회전이 지속된다.

도면의 간단한 설명

[1035] 도 1은 본 고안의 구체적인 실시 예에 의한 팽이 완구의 상면을 도시한 평면도.

[1036] 도 2a 및 도 2b는 본 고안의 제1 및 제2 실시 예에 의한 팽이 완구의 측면을 도시한 측면도.

[1037] 도 3은 본 고안의 구체적인 실시예의 의한 팽이 완구의 저면을 도시한 저면도.

[1038] **• 도면의 주요 부분에 대한 부호의 설명 •**

[1039] 10: 본체부   10a: 상면

[1040] 10b: 측면   20: 파지핑거

[1041] 30: 단부   40: 회전축

[1042] 40':회전점

도면 1

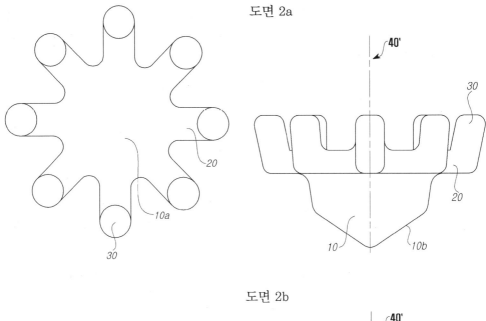

도면 2a

도면 2b

도면 3

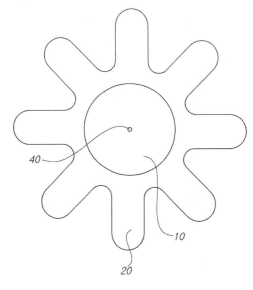

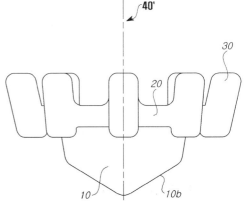

■ 이중 옷걸이   출원번호 1020090082992

공개실용신안 10-2011-0024831

(19) 대한민국특허청(KR)	(11) 공개번호 10-2011-0024831
(12) 공개실용신안공보(U)	(43) 공개일자 2011년 03월 09일

(51) Int . CI.
A47G 25/18(2006.01) *A47G 25/18* (2006.01)
(21) 출원번호   10-2009-0082992
(22) 출원일자   2009년 09월 03일
       심사청구일자   2009년 09월 03일

(71) 출원인
    최주영
    대구 수성구 만천동 1014-1 복성빌라101호
(72) 발명자
    최주영
    대구 수성구 만천동 1014-1 복성빌라101호
    최현성
    대구 수성구 만천동 1014-1 복성빌라101호
(74) 대리인
    이재화

전체 청구항 수 : 총 2 항

(54) 이중 옷걸이

(57) 요 약

본 발명은 하나의 옷걸이에 두 개의 옷을 동시에 걸 수 있는 이중 옷걸이에 관한 것이다.

본 발명의 이중 옷걸이는 다수의 회전축을 제공하는 힌지부; 상기 힌지부에 각각 연결되어 회전하는 회전연결부; 및 상기 회전연결부에 각각 연장 형성되어 상기 회전연결부가 회전할 때 각도 조절 가능한 걸이부를 포함하는 것을 특징으로 하는 이중 옷걸이를 제공한다.

대 표 도 - 도3a

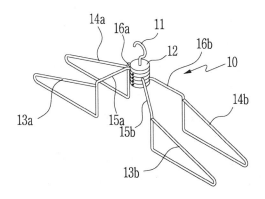

특허청구의 범위

청구항 1

옷걸이에 있어서,

다수의 회전축을 제공하는 힌지부;

상기 힌지부에 각각 연결되어 회전하는 회전연결부; 및

상기 회전연결부에 각각 연장 형성되어 상기 회전연결부가 회전할 때, 각도 조절 가능한 걸이부를 포함하는 것을 특징으로 하는 이중 옷걸이.

청구항 2

제1항에 있어서, 상기 회전연결부와 걸이부는 두 개가 한 쌍으로 이루어지며, 각각의 회전연결부가 회전하여 걸이부의 각도 조절 가능한 것을 특징으로 하는 이중 옷걸이.

명 세 서

발명의 상세한 설명

기 술 분 야

[1001] 본 발명은 하나의 옷걸이에 두 개의 옷을 동시에 걸 수 있는 이중 옷걸이에 관한 것이다.

배 경 기 술

[1002] 일반적으로, 옷걸이는 의복 특히 상의나 원피스 또는 외투 등을 구겨지지 않도록 하면서 벽에 박힌 목이나 옷장 등의 행거에 가지런히 걸어두도록 하기 위한 것이다.

[1003] 그리고 옷걸이는 철사를 절곡하여 제작하거나, 녹이 슬지 않도록 철사의 외주연에 산화방지용 도료를 착색한 상태 또는 철사의 외주연에 얇은 수지층을 입힌 상태로 제작하여 사용하였으며, 또한 옷걸이를 오래 사용하기 위해서 목재나 합성 수지재로 제작하여 걸어둔 의복의 어깨선이 구겨지지 않도록 하였다.

[1004] 도 1은 종래 옷걸이를 도시한 사시도로써, 도시된 바와 같이 양측에 어깨부(101)가 형성되고, 그 어깨부(101)의 중앙 상단에 고리부(102)가 일체로 사출 성형되어 있다.

[1005] 이와 같은 옷걸이(100)는 어깨부(101)와 고리부(102)가 합성수지재로 일체로 사출 성형되어 있어 제작한다.

[1006] 이러한, 종래의 옷걸이는 상단부에 고리가 형성된 고리부와, 고리부를 중심으로 좌우측으로 길게 일체로 형성되어 옷이 걸쳐지는 어깨부로 이루어져 대략 삼각형상을 가

진다.

[1007] 따라서, 옷을 옷걸이에 걸때에는 어깨부에 옷의 목부분과 어깨부분을 걸치게 한 후, 고리를 옷장의 걸이봉에 걸어서 보관하게 된다.

[1008] 한편, 종래의 옷걸이는 옷걸이가 절첩되지 아니하므로, 즉 옷걸이의 모양이 고정되어 있으므로 앞트임이 없는 옷을 옷걸이에 걸때에는 옷의 목 부위를 무리하게 늘려야만 양측 어깨부가 삽입되도록 되어 있다.

[1009] 또한, 종래의 옷걸이는 하나의 옷걸이에 하나씩의 의복만을 걸도록 되어 있어, 많은 양의 옷을 정리할 때 적합하지 않았다.

[1010] 따라서, 여러 장의 옷을 한꺼번에 걸 수 있는 다단 옷걸이가 제작되기도 하였다.

[1011] 도 2는 종래의 다단 옷걸이를 도시한 사시도로써, 도시된 바와 같이 양측에 상하로 옷을 걸기 위한 두 개의 어깨부(201, 203)가 형성되고, 그 어깨부(201)의 중앙 상단에 고리부(202)가 일체로 사출 성형되어 있다.

[1012] 또한, 두 개의 어깨부(201, 203)의 사이에는 연결부(204)에 의해 연결되어 있다.

[1013] 이와 같은 옷걸이(200)는 상하의 어깨부(201, 203)와 고리부(202)와 연결부(204)가 합성수지재로 일체로 사출 성형되도록 제작한다.

[1014] 전술한 종래의 다단 옷걸이는 연결부(204)를 다수 연결하여 다수의 어깨부를 구비하여 다단 옷걸이를 구비하여 다수의 옷을 동시에 걸 수는 있으나, 어깨부가 수직방향으로 일직선상에 배치되므로 다수의 옷을 걸었을 때, 옷의 일부가 앞뒤로 겹치게 되므로 옷에 구김이 생기는 문제점이 있었다.

발명의 내용

해결하고자 하는 과제

[1015] 따라서, 본 발명의 목적은 하나의 옷걸이에 두 개의 옷을 걸 수 있도록 하며, 두 개의 옷이 서로 이격되게 걸 수 있도록 하여 옷의 형태를 유지하여 구김이 방지될 수 있는 이중 옷걸이를 제공함에 있다.

[1016] 본 발명의 다른 목적은 옷걸이에 옷을 걸 때 옷걸이의 각도를 조절하여 옷의 목부분을 늘어뜨리지 않고도 간편하게 옷을 걸 수 있도록 하는 이중 옷걸이를 제공함에 있다.

과제 해결수단

[1017] 이와 같은 목적을 달성하기 위한 본 발명의 일 양태에 따르면, 옷걸이에 있어서, 다수

의 회전축을 제공하는 힌지부; 상기 힌지부에 각각 연결되어 회전하는 회전연결부; 및 상기 회전연결부에 각각 연장 형성되어 상기 회전 연결부가 회전할 때 각도조절 가능한 걸이부를 포함하는 것을 특징으로 하는 이중 옷걸이를 제공한다.

[1018]   상기 회전연결부와 걸이부는 두 개가 한 쌍으로 이루어져 각도 조절 가능하여 각각의 회전연결부가 회전하여 걸이부의 각도조절 가능한 것을 특징으로 한다.

효 과

[1019]   따라서, 본 발명에 있어서는 두 개의 옷을 동시에 걸 수 있음과 동시에 두 개의 옷 간에 이격거리를 두도록 걸 수 있어 옷의 구김을 방지할 수 있는 효과가 있다.

[1020]   또한, 본 발명에 있어서는 옷걸이의 각도 조절이 가능하여 옷의 목부분의 사이즈에 대응하게 각도를 조절한 후 옷을 걸 수 있어 과도하게 옷의 목부분을 늘어뜨리지 않고도 간편하게 옷걸이를 사용할 수 있다.

발명의 실시를 위한 구체적인 내용

[1021]   이하, 첨부한 도 3 내지 도 7을 참조하여 본 발명의 바람직한 실시 예를 상세히 기술하기로 한다.

[1022]   도 3a 및 도 3b는 본 발명의 일 실시 예에 따른 이중 옷걸이의 사시도 및 평면도이고, 도 4는 도 3a의 부분확대도이다.

[1023]   도 3a 및 도 3b를 참고하면, 이중 옷걸이(10)는 고리부(11)와, 원통형상의 회전축을 제공하는 힌지부(12)와, 한 쌍의 제1 및 제2 걸이부(13a, 13b)와, 또 한 쌍의 제3 및 제4 걸이부(14a, 14b)와, 각각의 제1 내지 제4 걸이부(13a, 13b, 14a, 14b)에 대응되는 제1 내지 제4 회전연결부(15a, 15b, 16a, 16b)로 이루어진다.

[1024]   상기 제1 내지 제4회전연결부(15a, 15b, 16a, 16b)는 힌지부(12)에 각각 연결되어 회전가능하게 구성한다.

[1025]   상기 제1 내지 제4 걸이부(13a, 13b, 14a, 14b)는 대략 삼각형상의 파이프가 연결되어 옷을 걸 수 있도록 구성한다.

[1026]   상기 제1 및 제2 걸이부(13a, 13b)에 하나의 옷을 걸고, 제3 및 제4 걸이부(14a, 14b)에 나머지 하나의 옷을 걸 수 있으므로 두 개의 옷을 동시에 걸 수 있도록 구성된다.

[1027]   또한, 도 3b의 평면도를 보면, 제1 내지 제4 회전연결부(15a, 15b, 16a, 16b)가 대략 X자 형상으로 이루어지며, 이때, 제1 및 제2 걸이부(13a, 13b)와 제3 및 제4 걸이부(14a, 14b)는 평행하므로 각각의 옷은 이격거리를 갖도록 걸 수 있어 구김을 방지한다.

[1028]   도 4에 힌지부(12)의 부분확대도를 보면, 힌지부(12)는 각각의 제1 내지 제4 회전연결부(15a, 15b, 16a, 16b)가 회전가능 하도록 제1 내지 제4 회전연결부(15a, 15b, 16a, 16b)와 일대일 대응하도록 배치된 제1 내지 제4 힌지부(12a-12d)로 이루어진다.

[1029]   각 힌지부(12a-12d)는 각 회전연결부(15a, 15b, 16a, 16b)와 연결되어 각각을 회전운동하여 사용가능하도록 한다.

[1030]   도 5는 본 발명의 일실시예에 따른 이중 옷걸이의 회전상태도이고, 도 6a 및 도 6b는 본 발명의 일실시 예에 따른 이중 옷걸이의 회전상태도 및 평면도이다.

[1031]   도 5를 참고하면, 제1 및 제2 걸이부(13a, 13b, 14a, 14b)는 서로 마주보는 방향으로 회전하여 제1 및 제2 연결부(15a, 15b)가 대략 일직선상에 놓이면 최소 각도를 갖는다. 제1 및 제2 걸이부(13a, 13b, 14a, 14b)는 좌우로 사용자가 원하는 만큼 이동하여 옷을 걸 때 목부분이 늘어나지 않도록 각도 조절가능하다.

[1032]   도 6a 및 도 6b는 제1 걸이부(13a, 13b)는 힌지부(12a, 12b)가 회전축이 되어 제1 회전연결부(15a, 15b)가 일직선상에 놓이면서 최소각도로 이동가능하다. 이때, 옷의 목부분을 늘이지 않고도 작은 각도의 제 1 걸이부(13a, 13b)에 걸 수 있다.

[1033]   이후, 반대로 제1 걸이부(13a, 13b)의 각도를 최대로 하면 제1 회전연결부(15a, 15b) 간의 각도가 커지면서 옷걸이에 걸린 옷이 평평하게 펴지게 되어 도 7에 도시된 것처럼 의복(20a)을 자연스럽게 펴진 상태로 걸 수 있다.

[1034]   마찬가지로, 제2 걸이부(14a, 14b)는 힌지부(12c, 12d)가 회전축이 되어 제2 회전연결부(16a, 16b)가 일직선상에 놓이면서 최소각도로 이동가능하다. 이때, 옷의 목부분을 늘이지 않고도 작은 각도의 제2 걸이부(14a, 14b)에 걸 수 있다.

[1035]   이후, 반대로 제2 걸이부(14a, 14b)의 각도를 최대로 하면 제2 회전연결부(16a, 16b) 간의 각도가 커지면서 옷걸이에 걸린 옷이 평평하게 펴지게 되어 도 7에 도시된 것처럼 의복(20b)을 자연스럽게 펴진 상태로 걸 수 있다.

[1036]   이렇게 하면 도 7에 도시된 바와 같이, 하나의 옷걸이에 두 개의 의복(20a, 20b)을 목부분을 늘이지 않고도 자연스럽게 펴진 상태로 동시에 두벌을 걸어둘 수가 있다.

산업이용 가능성

[1037]   본 발명은 모든 옷걸이와 디스플레이장치 등에 적용이 가능하다.

도면의 간단한 설명

[1038]   도 1은 종래 옷걸이를 도시한 사시도,

[1039]   도 2는 종래의 다단 옷걸이를 도시한 사시도,

[1040]   도 3a 및 도 3b는 본 발명의 일실시예에 따른 이중 옷걸이의 사시도 및 평면도,

[1041]   도 4는 도 3a의 부분 확대도,

[1042]   도 5는 본 발명의 일실시예에 따른 이중 옷걸이의 회전상태도,

[1043]   도 6a 및 도 6는 본 발명의 일실시 예에 따른 이중 옷걸이의 회전상태도 및 평면도,

[1044]   도 7은 본 발명의 일실시 예에 따른 이중 옷걸이의 사용상태도.

[1045]   • 도면의 주요부분에 대한 부호의 설명 •

[1046]   10: 이중 옷걸이   11: 고리부
[1047]   12: 힌지부   13a, 13b : 제1 걸이부
[1048]   14a, 14b : 제2 걸이부   15a, 15b : 제1 회전연결부
[1049]   16a, 16b : 제2 회전연결부

도면

도면 1

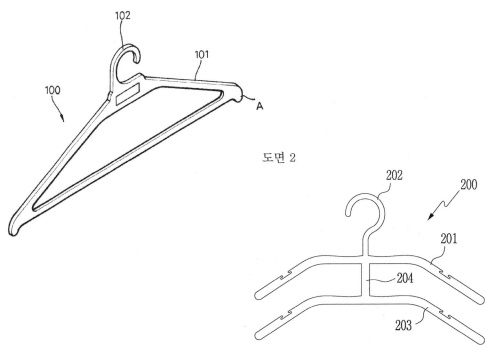

도면 2

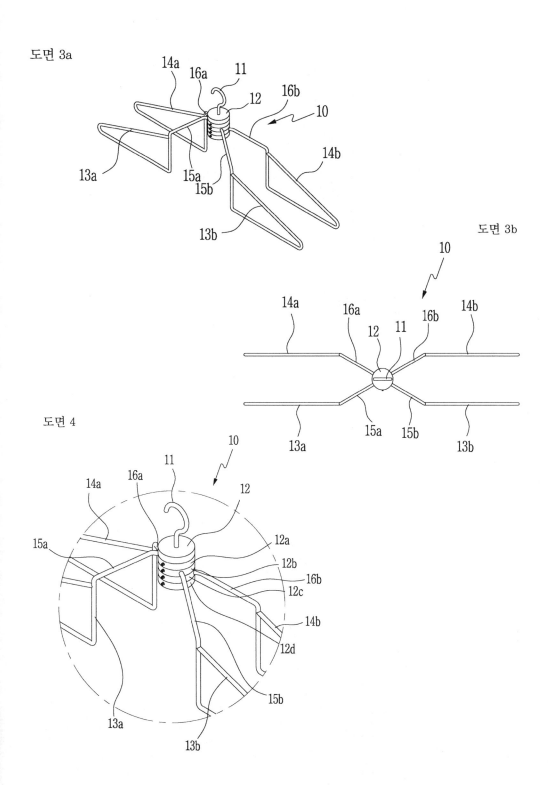

도면 3a

14a 16a 11
12 16b
10
13a 15a 10
15b 14b
13b

도면 3b

10
14a 16a 14b
12 11 16b
13a 15a 15b 13b

도면 4

11 10
14a 16a 12
15a 12a
12b
16b
12c
14b
12d
15b
13a
13b

도면 5

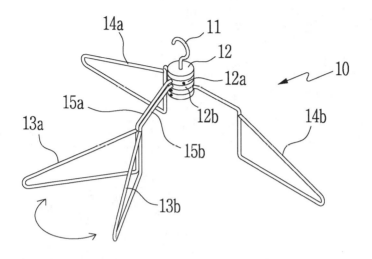

도면 6a

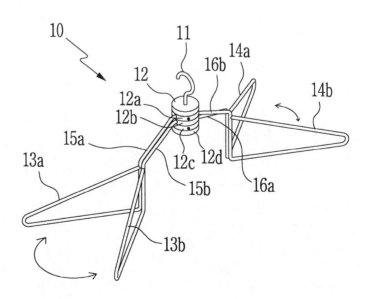

도면 6b

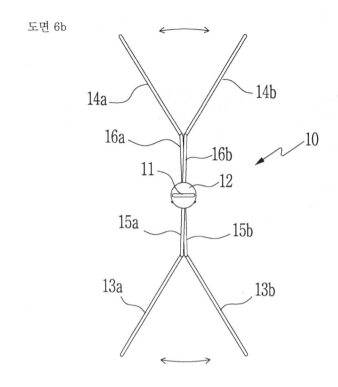

14a
14b
16a
16b
10
11
12
15a
15b
13a
13b

도면 7

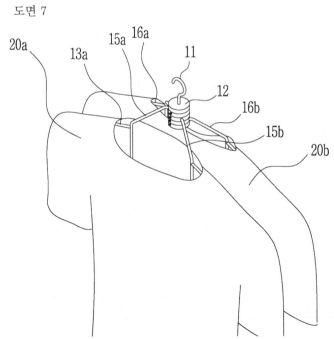

20a
13a
15a
16a
11
12
16b
15b
20b

▣ 슬라이드 블록   출원번호 1020090068273

공개실용신안 10-2011-0010919

| (19) 대한민국특허청(KR) | (11) 공개번호 10-2011-0010919 |
| (12) 공개실용신안공보(U) | (43) 공개일자 2011년 02월 08일 |

(51) Int . CI.
A63H 33/00(2006.01) *A63H 33/08* (2006.01)

(21) 출원번호   10-2009-0068273
(22) 출원일자   2009년 07월 27일
    심사청구일자   2009년 07월 27일

전체 청구항 수 : 총 2 항

(71) 출원인
    윤상원
    대전 서구 삼천동 993 청솔아파트6-804
    김시용
    충남 청양군 화성면 장계리 397번지
(72) 발명자
    윤상원
    대전 서구 삼천동 993 청솔아파트6-804
    김시용
    충남 청양군 화성면 장계리 397번지
    김특출
    충남 공주시 교동 교정아파트 302호
    이준규
    충북 영동군 영동읍 설계리 금강A105-607

(54) 슬라이드 블록

(57) 요 약

본 발명은 슬라이드 블록을 다수 개 병렬 또는 직렬 접속할 수 있는 완구용 조립블록에 관한 것이다.

이를 위하여 본 발명인 슬라이드 블록은, 동일한 크기를 갖는 6면체의 형상으로 이루어지도록 하되, 상기 블록은 대향되는 복수의 면을 제외한 연속하는 4면에, 상기 블록의 병렬 적층접속이 가능하도록 하는 다수개의 돌출 슬라이드와, 상기 돌출 슬라이드가 끼워지는 내입 슬라이드가 형성되도록 하는 한편, 상기 연속하는 4면을 제외한 복수의 일측면에는 블록들의 길이방향으로의 직렬접속이 가능하도록 하기 위한 각형의 돌출부를 두고, 대향되는 타측면에는 상기 돌출부가 삽입되는 내입부가 설치되도록 함과 동시에, 상기 돌출부와 내입부의 중앙부에는, 상기 블록의 길이방향으로 관통하는 통공이 형성되도록 한다.

또한, 본 발명의 블록은 내식성이 우수하고 경량인 투명 플라스틱 재질로 하되, 그 내부는 공간부를 갖도록 하며 전구와 같은 발광체가 장착되도록 한다.

위와 같이 이루어지는 본 발명인 슬라이드 블록은 다수개의 돌출 슬라이드와 내입슬라이드가 억지끼움으로 결합되어 조립상태가 견고한 효과가 있다.

또한, 본 발명은 연속하는 4면에 상호 결합되는 돌출 및 내입 슬라이드의 구성으로 인하여, 상기 각각의 블록들을 신속하게 적층되도록 함과 동시에, 길이방향으로의 조립과 분해가 용이한 효과도 있다.

이외에도 본 발명은 적층높낮이를 자유롭게 할 수 있어서, 다양한 모양이 표현이 가능하여 자라나는 아이들의 창작성을 보다 향상시킬 수 있는 효과도 아울러 기대된다.

대표도 - 도 2

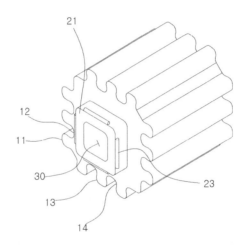

특허청구의 범위

청구항 1

다수의 블록을 조립하는 조립식 완구에 있어서,

상기 조립완구는, 동일한 크기를 갖는 6면체의 형상으로 이루어지도록 하되, 상기 블록은 대향되는 복수의 면을 제외한 연속하는 4면에, 상기 블록의 병렬 적층접속이 가능하도록 하는 다수 개의 돌출 슬라이드(11)와, 상기 돌출 슬라이드(1)가 끼워지는 내입 슬라이드(12)가 형성되도록 하는 한편, 상기 연속하는 4면을 제외한 복수의 일측면에는 블록들의 길이방향으로의 직렬접속이 가능하도록 하기 위한 각형의 돌출부(21)와 내입부(22)의 중앙부에는, 상기 블록의 길이방향으로 관통하는 통공(30)이 형성되도록 하는 것을 특징으로 하는 슬라이드 블록.

청구항 2

제 1항에 있어서,

상기 돌출부(21)에는, 내입부(22)에 끼워지는 리브(23)가 복수 개 장착되고, 상기 리브(23)가 끼워지도록 상기 내입부(22)에는 요홈(24)이 복수 개 형성되는 것을 특징으로 하는 슬라이드 블록.

명 세 서

발명의 상세한 설명

기 술 분 야

[1001] 본 발명은 블록을 다수 개 병렬 또는 직렬 접속할 수 있는 완구용 슬라이드 블록에 관한 것이다.

배 경 기 술

[1002] 일반적 종래 완구용 블록은 도 1a에 도시되어 있는 바와 같이, 오목부를 갖는 핀홀(1)에 돌출핀(2) 또는 연결핀(3)을 이용하여 각각의 블록을 조립하도록 구성되어 있다.

[1003] 그러나, 위와 같은 일반적인 블록은 구성이 단순하여, 다양한 형상의 블록을 표현하는데 문제점을 가지고 있었다.

[1004] 한편, 위와 같은 문제점을 해결하기 위하여, 도 1b에 도시되어 있는 바와 같이, 조립블록(4)의 내부에는 보조블록(5)이 장착되도록 하고, 그 외부에는 각각의 블록들이 상호 결합될 수 있도록 하는 외측 돌출 슬라이드(6)와, 외측 함몰 레일(7)이 형성되는 조립블록이 개시되어 있으나, 상기 조립블록은 길이 방향으로의 결합이 곤란하고, 가벼운 외부 충격에도 조립상태를 유지하기가 어려운 문제점이 있다.

발명의 내용

해결 하고자하는 과제

[1005] 본 발명은 위와 같은 문제점을 해결하기 위하여 안출된 것으로, 조립과 분해가 용이하고, 조립되는 블록들이 견고하게 결합될 수 있도록 하는 것을 주목적으로 하며, 이외에도 보다 다양하고 입체적인 형상을 표현할 수 있는 슬라이드 블록을 제공하는데 목적도 아울러 가지고 있다.

과제 해결수단

[1006] 상기와 같은 목적을 달성하기 위하여 본 발명인 슬라이드 블록은, 동일한 크기를 갖는 6면체의 형상으로 이루어지도록 하되, 상기 블록은 대향되는 복수의 면을 제외한 연

속하는 4면에, 상기 블록의 병렬 적층접속이 가능하도록 하는 다수개의 돌출 슬라이드와, 상기 돌출 슬라이드가 끼워지는 내입 슬라이드가 형성되도록 하는 한편, 상기 연속하는 4면을 제외한 복수의 일측면에는 블록들의 길이방향으로의 직렬접속이 가능하도록 하기 위한 각형의 돌출부들 두고, 대향되는 다측면에는 상기 돌출부가 삽입되는 내입부가 설치되도록 함과 동시에, 상기 돌출부와 내입부의 중앙부에는, 상기 블록의 길이방향으로 관통하는 통공이 형성되도록 한다.

효과

[1007] 위와 같은 구성으로 이루어지는 본 발명인 슬라이드 블록은, 다수개의 돌출 슬라이드와 내입슬라이드가 억지끼움으로 결합되어 조립상태가 견고한 효과가 있다.

[1008] 본 발명은 연속하는 4면에 상호 결합되는 돌출 및 내입 슬라이드의 구성으로 인하여, 상기 각각의 블록들을 신속하게 적층되도록 함과 동시에, 길이방향으로의 조립과 분해가 용이한 장점도 가지고 있다.

[1009] 또한 본 발명은 적층높낮이를 자유롭게 할 수 있어서, 다양한 모양이 표현이 가능하여 자라나는 아이들의 창작성을 보다 향상시킬 수 있는 효과도 아울러 기대된다.

[1010] 이외에도, 블록의 통공으로 인하여 발광체와 전선의 조립작업이 용이할 뿐 아니라, 슬라이드 블록이 투명성을 갖는 플라스틱 재질로 이루어지도록 함으로써, 조립된 블록 내부에 끼워진 발광체가 빛을 발산하면 블록 외부로 빛이 투과되어 다양한 모양을 표현하는 효과도 있다.

발명의 실시를 위한 구체적인 내용

[1011] 이하, 본 발명인 슬라이드 블록에 대하여 첨부된 도면을 참조하여 설명한다.

[1012] 본 발명에 있어서, 종래 기술사상과 동일한 기술구성에 대해서는 동일명칭을 그대로 부여하여 설명한다.

[1013] 도 1a, b는 종래 일반적인 완구용 조립 블록에 관한 사시도이며, 도 2는 본 발명인 슬라이드 블록의 사시도이고, 도 3은 본 발명인 슬라이드 블록이 조립되는 상태도이며, 도 4는 본 발명인 슬라이드 블록의 평면도이고, 도 5는 본 발명인 슬라이드 블록의 단면도이고, 도 6은 본 발명인 슬라이드 블록의 길이방향의 결합 단면도이며, 도 7은 본 발명인 슬라이드 블록에 발광체가 장착된 사시도이다.

[1014] 본 발명인 슬라이드 블록은 도 2 내지 도 7에 도시되어 있는 바와 같이, 다수의 블록을 조립하는 조립식 완구에 있어서, 상기 조립완구는, 동일한 크기를 갖는 6면체의 형상으로 이루어지도록 하되, 상기 블록은 대향되는 복수의 면을 제외한 연속하는 4면에, 상기 블록의 병렬 적층접속이 가능하도록 하는 다수개의 돌출 슬라이드(11)의, 상기 돌출 슬라이드(1)가 끼워지는 내입 슬라이드(12)가 형성되도록 하는 한편, 상기 연

속하는 4면을 제외한 복수의 일측면에는 상기 돌출부(21)가 삽입되는 내입부(22)가 설치되도록 함과 동시에, 상기 돌출부(21)와 내입부(22)의 중앙부에는, 상기 블록의 길이방향으로 관통하는 통공(30)을 형성하여, 그 내부 공간으로 전선(41)이 삽입시키고, 상기 돌출부(21)의 단부에는 발광체(40)가 장착되도록 한다.

[1015] 조립구성에 관하여 도 3을 참조하여 보다 구체적으로 설명하면, 조립되는 상기 돌출슬라이드(11)와, 상기 돌출슬라이드(11)가 끼워지는 내입슬라이드(12)간에 조립되는 길이와 적층되는 높낮이를 편리하게 조절 또는 변경이 용이한 구성으로 이루어져 있다. 이때, 각각의 블록을 조립하면서 상기 돌출슬라이드(11)와, 상기 내입 슬라이드(12)가 억지끼움이 되도록 하기 위해서는, 도 4에 도시되어 있는 바와 같이, 상기 돌출슬라이드(11)가 끼워지는 내입 슬라이드(12)의 최소폭(a)은 최대폭(b)의 0.90~0.92배가 되도록 하는 것이 바람직하다.

[1016] 또한, 상기 돌출 슬라이드(11)의 최대폭(b')과 최소폭(a)과 상기 내입 슬라이드(12)의 최대폭(b)외 최소폭(a')이 서로 일치하도록 하고, 둥근돌기(13)와 둥근홈(14)은 각각의 블록을 조립할 때 조립되는 부분의 면적을 넓혀 블록간의 마찰을 증가시켜 조립시 헐거움을 덜어줄 수 있을 뿐 아니라 이탈도 방지한다.

[1017] 이는 또한, 상기 돌출 슬라이드(11)와 내입 슬라이드(12)를 상호 조립하면서 길이 방향을 물론, 수직방향으로도 이탈되지 않도록 하기 위함이다. 이로써, 다수개의 블록 슬라이드(11)의 둥근돌기(13)가 내입 슬라이드(12)의 둥근홈(14)과 억지끼움 결합되면서 블록 주위에서 조립 전후에 발생되는 유동이 방지됨과 아울러, 일단 조립된 블록은 충격에 강하고 쉽게 분해되지 않는 조립성을 갖는다.

[1018] 본 발명인 슬라이드 블록의 조립은 도 5, 6에 도시되어 있는 바와 같이, 슬라이드 블록의 일측면에 돌출되어 있는 돌출부(21)와, 상기 블록의 타측면에 상기 돌출부(21)와 결합할 수 있도록 내입되어 있는 내입부(22)로 구성으로 인하여 간편하고 견고하게 길이방향으로 조립할 수 있다.

[1019] 또한, 상기 돌출부(21)의 일측면에서 소정의 크기로 돌출된 리브(23)가 다수개 형성하고, 상기 리브(23)와 결합되도록 상기 내입부(22)의 내측면에는 소정의 크기로 내입된 요홈(24)이 형성되어 상기 돌출부(21)와 내입부(22)가 조립된 상태에서 블록을 이동하기 위하여 상기 블록을 들어 올리는 경우에도, 블록 상호간의 이탈이 방지한다.

[1020] 한편, 상기 블록의 중앙공간부에는 소정의 크기로 통공(30)이 형성되도록 한다.

[1021] 이는 도 7에 도시되어 있는 바와 같이, 상기 통공(30)에 전구와 같은 발광체(40)를 부착할 수 있도록 함과 동시에, 상기 발광체(40)에 저력을 공급하기 위한 전선(41)을 상기 통공(30)을 통해 전력원까지 연결되도록 한다.

[1022] 위와 같은 구성으로 이루어지는 본 발명인 슬라이드 블록은, 다수개의 돌출 슬라이드와 내입슬라이드가 억지끼움으로 결합되어 조립상태가 견고한 효과가 있다.

[1023] 본 발명은 연속하는 4면에 상호 결합되는 돌출 및 내입 슬라이드의 구성으로 인하여, 상기 각각의 블록들을 신속하게 적층되도록 함과 동시에, 길이방향으로의 조립과 분해가 용이한 장점도 가지고 있다.

[1024] 또한 본 발명은 적층높낮이를 자유롭게 할 수 있어서, 다양한 모양이 표현이 가능하여 자라나는 아이들의 창작성을 보다 향상시킬 수 있는 효과도 아울러 기대된다.

[1025] 이외에도, 블록의 내부공간으로 인하여 발광체와 전선의 조립작업이 용이할 뿐 아니라, 슬라이드 블록이 투명성을 갖는 플라스틱 재질로 이루어지도록 함으로써, 조립된 블록 내부에 끼워진 발광체가 빛을 발산하면 블록 외부로 빛이 투과되어 다양한 모양을 표현하는 효과도 있다.

[1026] 또한, 상기 통공(30)이 형성되도록 함으로써 블록자체의 무게를 감소시켜 재료비를 절감할 수 있는 이점도 있다.

[1027] 본 발명인 슬라이드 블록은, 도시하고 설명한 것 이외에 다양하게 변형실시가 가능한 것으로서, 본 발명의 목적범위를 일탈하지 않는 한, 변형 예들은 모두 본 발명의 권리범위에 포함되어 해석되어야 한다.

[1028] 예를 들면, 본 발명에서는 슬라이드 블록의 재질을 플라스틱으로 하였으나, 이에 한정하지 않고, 경량이면서 내식성을 갖는 소재라면, 목재, 종이, 또는 중공형의 알루미늄 재질을 사용해도 좋다.

도면의 간단한 설명

[1029] 도 1a, b는 종래 일반적인 완구용 조립 블록에 관한 사시도이며,

[1030] 도 2는 본 발명인 슬라이드 블록의 사시도이고,

[1031] 도 3은 본 발명인 슬라이드 블록이 조립되는 상태도이며,

[1032] 도 4는 본 발명인 슬라이드 블록의 평면도이고,

[1033] 도 5는 본 발명인 슬라이드 블록의 단면도이며,

[1034] 도 6은 본 발명인 슬라이드 블록의 길이방향의 결함 단면도이고,

[1035] 도 7은 본 발명인 슬라이드 블록에 발광체가 장착된 사시도이다.

도면 1a

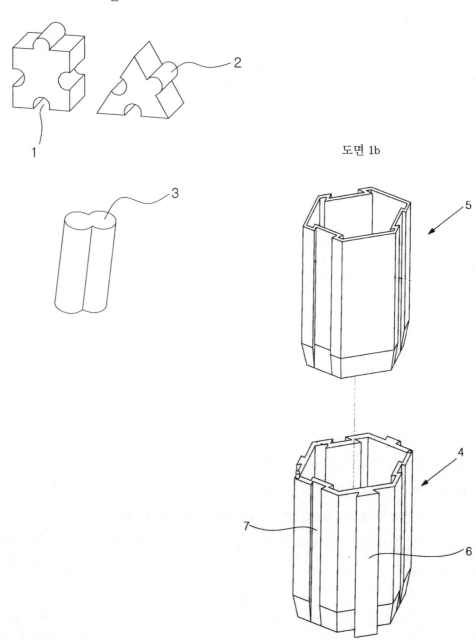

도면 1b

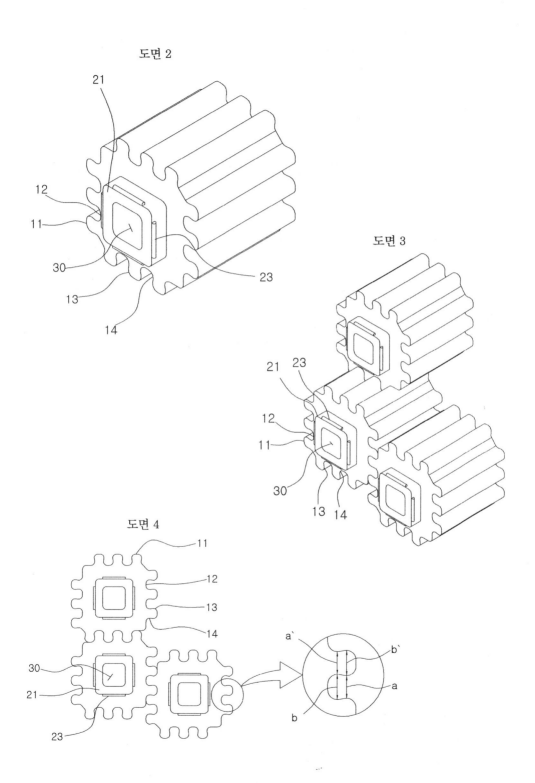

도면 2

21

12

11

30

13

14

23

도면 3

21 23

12

11

30

13 14

도면 4

11

12

13

14

30

21

23

a`

b`

b

a

도면 5

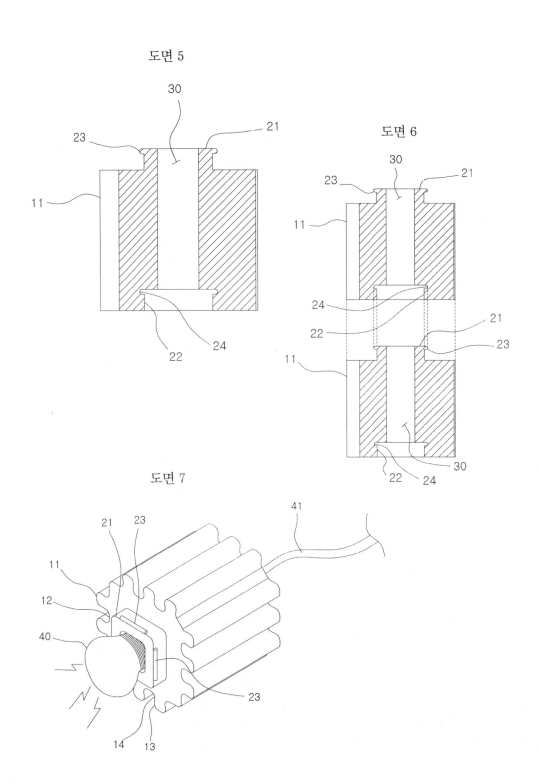

도면 6

도면 7

헌법소원 승소 판례

부록II

2000. 3. 30. 선고 99헌마 143 식품 등의 표시 기준 제7조
『별지1』 식품 등의 세부표시기준1. 가. 10)카) 위헌확인 44호

[판시사항]

식품이나 식품의 용기·포장에 "음주전후" 또는 "숙취해소" 라는 표시를 금지하고 있는 식품 등의 표시기준(1998. 10. 7. 식품의약품안전청고시 제1998-96호로 제정) 제7조 『별지1』 식품 등의 세부표시기준 1. 가. 10) 카) 중 "음주전후" 및 "숙취해소" 표시를 금지하는 부분이 영업의 자유 등의 기본권을 침해하는지 여부(적극)

[결정요지]

위 규정은 음주로 인한 건강 위해적 요소로부터 국민의 건강을 보호한다는 입법 목적하에 음주전후, 숙취해소 등 음주를 조장하는 내용의 표시를 금지하고 있으나 "음주전후", "숙취해소" 라는 표시는 이를 금지할 만큼 음주를 조장하는 내용이라 볼 수 없고, 식품에 숙취해소 작용이 있음에도 불구하고 이러한 표시를 금지하면 숙취해소용 식품에 관한 정확한 정보 및 제품의 제공을 차단함으로써 숙취해소의 기회를 국민으로부터 박탈하게 될 뿐만 아니라, 보다 나은 숙취해소용 식품을 개발하기 위한 연구와 시도를 차단하는 결과를 차단하므로, 위 규정은 숙취해소용 식품의 제조·판매에 관한 영업의 자유 및 광고표현의 자유를 과잉금지원칙에 위반하여 침해하는 것이다. 특히 청구인들은 "숙취해소용 천연차 및 그 제조방법" 에 관하여 특허권을 획득하였음에도 불구하고 위 규정으로 인하여 특허권자인 청구인들조차 그 특허발명제품에 "숙취해소용 천연차" 라는 표시를 하지 못하고 "천연차" 라는 표시만 할 수밖에 없게 됨으로써 청구인들의 헌법상 보호받는 재산권인 특허권도 침해되었다.

[참조조문]

식품위생법 제10조

식품 등의 표시기준(1998. 10. 7. 식품의약품안전청고시 제1998-96호로 제정) 제7조 『별지1』 식품 등의 세부표시기준 1. 가. 10) 카) 중 "음주전후" 및 "숙취해소" 표시 금지 부분

[참조판례]

96헌바2(1998. 2. 27.)

[당 사 자]

청구인 남종현 외 1인
청구인들 대리인 변호사 황도연

[주   문]

식품 등의 표시기준(1998. 10. 7. 식품의약품안전청고시 제1998-96호로 제정) 제7조 『별지1』 식품 등의 세부표시기준 1. 가. 10) 카) 중 "음주전후" 및 "숙취해소" 표시를 금지하는 부분은 영업의 자유, 표현의 자유 및 재산권을 침해한 것이므로 헌법에 위반된다.

[판결이유]

사건의 개요와 심판의 대상

가. 사건의 개요

청구인들은 "숙취해소용(宿醉解消用) 천연차(天然茶) 및 그 제조방법"에 관하여 1997. 3. 19. 특허출원을 하고 특허법에 의한 특허청의 심사를 받은 다음 1998. 12. 5. 특허번호 제181168호로 그 설정등록을 함으로써 특허권을 획득하였다.

청구인들은 특허권자로서 생산된 물건이나 그 용기 또는 포장에 특허표시를 할 수 있는 권리가 있음에도 불구하고, 식품의약안전청의 고시인 식품 등의 표시기준 제7조 『별지1』 식품 등의 세부표시기준 1. 가. 10) 카)에서 "음주전후, 숙취해소 등 음주를 조장하는 내용을 표시하여서는 아니 된다"고 규정함으로 말미암아 특허발명의 방법으로 생산한 천연차에 그 특허표시인 "숙취해소용 천연차"라는 표시를 하지 못하게 되자, 1999. 3. 16. 헌법

재판소에 위 고시의 규정 중 "음주전후, 숙취해소" 라는 부분이 청구인들의 재산권, 발명가의 권리, 직업행사의 자유를 침해한다고 주장하면서 그 위헌확인을 구하기 위하여 이 사건 심판을 청구하였다.

나. 심판의 대상

이 사건 심판의 대상은 식품 등의 표시기준(1998. 10. 7. 식품의약품안전청고시 제1998
-96호로 제정) 제7조『별지1』 식품 등의 세부표시기준 1. 가. 10) 카) 중 "음주전후 및 숙취해소" 표시를 금지하는 부분(이하 "이 사건 규정" 이라 한다)이 청구인들의 영업의 자유, 표현의 자유 및 재산권을 침해하였는지의 여부인 바, 이 사건 규정 및 관련 법률의 규정 내용은 다음과 같다.

식품 등의 표시기준(식품의약품안전청고시 제1998-96호)
제7조(식품 등의 세부표시기준) 식품 등의 세부표시기준은 『별지1』 과 같다.

1. 식품 등의 일반기준

가. 식품(수입식품을 포함한다)

10) 기타 표시사항

카) 음주전후, 숙취해소 등 음주를 조장하는 내용을 표시하여서는 아니 된다.

식품위생법 제10조(표시기준) ① 보건복지부장관은 국민보건 상 특히 필요하다고 인정하는 때에는 판매를 목적으로 하는 식품 또는 식품첨가물과 제9조 제1항의 규정에 의하여 기준 또는 규격이 정하여진 기구와 용기 · 포장의 표시에 관하여 필요한 기준을 정하여 이를 고시할 수 있다(1999. 5. 24. 법률 제5982호로 개정되기 전의 것, 이하 같다).

② 제1항의 규정에 의하여 표시에 관한 기준이 정하여진 식품 등은 그 기준에 맞는 표시가 없으면 이를 판매하거나 판매의 목적으로 수입 · 진열 또는 운반하거나 영업상 사용하지 못한다.

2. 청구인들의 주장과 관계기관의 의견

가. 청구인들의 주장

(1) "음주전후" 또는 "숙취해소"라는 용어는 그 전후의 말에 따라 얼마든지 다른 뜻을 표시할 수 있고, 또 일반적으로 위 용어들은 음주를 조장하는 내용을 표시하는 것이라기보다 오히려 음주전후의 국민보건을 위한 경고적 내지 처방전적 기능을 하는 것으로서, 식품에 이러한 표시가 있다 하여 그것이 음주를 조장하는 작용이나 기능을 하는 것은 아니다.

(2) 청구인들은 특허권자이므로 '업(業)으로서 그 특허발명을 실시할 권리'를 독점하고, 생산된 물건 또는 그 물건의 용기나 포장에 특허표시를 할 수 있는 권리를 가지고 있는바, 이 특허 표시에는 '발명의 명칭'이나 '발명의 상세한 설명'이 포함된다. 그러므로 특허권자가 그 특허발명의 방법에 의하여 생산한 물건에 '발명의 명칭' 등 특허표시를 할 수 있는 권리는 특허권의 본질적 내용의 일부라고 할 것이다. 그런데 청구인들 공동명의의 특허등록 제181168호는 그 '발명의 명칭'이 바로 "숙취해소용 천연차 및 그 제조방법"으로서, 이는 단순히 상업상의 광고를 위한 어떤 표시가 아니고 특허등록의 내용 그 자체이다. 그럼에도 불구하고 청구인들은 이 사건 규정으로 인하여 특허발명의 방법으로 생산한

물건에 그 특허표시, 즉 "숙취해소용 천연차"라는 표시를 하지 못하고 있는바, 이는 특허권자의 헌법상 보장된 재산권인 특허권에 대한 침해일 뿐만 아니라 그 직업수행(특허 발명제품의 판매)의 자유를 침해하는 것이다. 따라서 이 사건 규정을 특허권자가 그 특허발명의 방법으로 생산한 물건에 발명의 명칭 등 특허표시를 하는 경우에도 적용하는 것은 헌법에 위반된다.

(3) 이 사건 규징은 형벌법규인 식품위생법 제77조 제1호의 구성요건에 해당함에도 불구하고 구성요건으로서의 명확성을 결여하고 있어 죄형법정주의에 어긋나고, 청구인들은 "숙취해소용 천연차"의 제조 및 판매에 관여하고 있어 이러한 위헌적 형벌규정에 의하여 형서처벌을 받을 위험에 직면하여 있다. 따라서 이 사건 규정은 청구인들의 신체의 자유마저 침해하는 것이다.

나. 식품의약품안전청장의 의견

(1) 이 사건 규정은 이른바 알콜성 대사음료와 건강보조식품을 마치 숙취해소의 약리학적 작용이 있는 것인 양 잘못된 인식을 갖게 함으로써 음주를 조장할 우려가 현저히 높아 이로부터 소비자들을 보호할 목적으로 제정된 것이다.

(2) 어떤 제품을 섭취 혹은 복용함으로써 음주 후의 숙취(두통 · 위통 · 토기 · 등의 중독증상)를 해소시킬 수 있다면 이는 그 제품의 약리작용에 의한 것으로서 약사법 규정에 따른 의약품으로 취급되어야 한다. 현재 의약품으로 허가된 생약제를 원료로 한 제품들의 경우 숙취해소의 효능 · 효과를 인정하여 주고 있으므로, "숙취해소용 천연차 및 그 제조방법"으로 특허등록을 한 자가 올바르게 특허권을 행사하기 위하여서는 당연히 약사법의 규정에 따라 의약품으로 허가를 받아야 한다.

(3) 특허법은 발명을 보호 · 장려하고 그 이용을 도모하기 위한 것인 반면, 식품위생법은 식품으로 인한 위해를 방지하고 식품영양의 질적 향상을 도모하기 위한 것으로 서 그 목적과 취지가 상이하므로, 식품위생법이나 약사법의 적용을 받는 제품에 이들 관계규정에 위반되는 특허권의 사용(발명의 명칭 등 표시)을 제한하더라도 그것이 국민의 기본권을 침해한다고 보기 어렵다.

(4) 이 사건 규정은 '음주전후, 숙취해소'라는 표현을 식품표시로 할 수 없음을 명확히 하여 예측 가능성을 확보함과 동시에 사법적 판단의 확고한 기초를 제공하고 있으므로 신체의 자유를 침해하는 것이 아니다.

3. 판 단

가. 이 사건 규정에 의한 기본권의 제한

이 사건 규정은 식품이나 식품의 용기·포장(이하 "식품 등" 이라 한다)에 "음주전후" 또는 "숙취해소" 라는 표시를 금지하는 것이다. 식품제조업자 등이 숙취해소용 식품을 제조·판매함에 있어서 그 식품의 효능에 관하여 표시·광고하는 것은 영업 활동의 중요한 한 부분을 이루므로 이 사건 규정에 의하여 식품제조업자 등의 직업행사의 자유(영업의 자유)가 제한된다. 뿐만 아니라 "음주전후" 또는 "숙취해소" 라는 표시는 식품판매를 위한 상업적 광고표현에 해당한다고 할 것인데, 상업적 광고표현 또한 표현의 자유의 보호를 받는 대상이 되므로(헌재 1998. 2. 27. 96헌바2, 판례집10-1, 118, 124) 이 사건 규정은 표현의 자유를 제한하는 것이기도 하다.

나아가 청구인들은 1997. 3. 19. "숙취해소용(宿醉解消用) 천연차(天然茶) 및 그 제조방법" 에 관하여 특허등록(특허번호 제181168호)을 한 특허권자로서 업(業)으로 그 특허발명을 실시할 권리를 가지고 있음에도 불구하고(특허법 제94조), 이 사건 규정으로 말미암아 그 특허발명의 방법에 의하여 생산한 제품에 '숙취해소용 천연차' 라는 발명의 명칭을 표시할 수 없게 되었다. 특허권자가 특허발명의 방법에 의하여 생산한 물건에 발명의 명칭과 내용을 표시하는 것은 특허실시권에 내재된 요소라고 할 것이므로 발명의 명칭에 해당하는 "숙취해소" 라는 표시를 제한하는 내용의 이 사건 규정은 청구인들의 특허권(재산권) 또한 제한하는 것이 된다.

이 사건 규정은 위와 같이 청구인들의 영업의 자유, 표현의 자유 및 특허권을 제한하고 있다. 그런데 헌법 제37조 제2항에 의하면 국민의 자유와 권리는 국가안전보장, 질서유지 또는 공공복리를 위하여 필요한 경우에 한하여 법률로써 제한할 수 있으므로 기본권을 제한하는 입법을 함에 있어서는 입법목적의 정당성과 그 목적달성을 위한 방법의 적정성, 피해의 최소성, 그리고 그 입법에 의해 보호하려는 공공의 필요와 침해되는 기본권 사이의 균형성을 모두 갖추어야 하는바(헌제1990. 9. 3. 89헌가95, 판례집 2, 245, 260 ; 1993. 12. 23. 93헌가2, 판례집 5-2, 578, 601 ; 1997. 3. 27. 94헌마196 등, 판례집 9-1, 375, 383), 이 사건 규정이 이러한 기본권 제한의 헌법적 한계를 준수한 것인지의 여부에 관하여 본다.

나. 이 사건 규정의 위헌성

(1) 이 사건 규정은 음주를 조장하는 내용의 표시를 금지함으로써 음주로 인한 건강 위해적 요소로부터 국민의 건강을 보호하겠다는 데에 그 입법목적이 있다고 할 것인데, 식

품으로 인한 위생상의 위해를 방지하고 식품영양의 질적 향상을 도모함으로써 국민보건의 증진에 이바지하겠다는 식품위생법의 입법목적(동법 제1조)에 비추어 볼 때 그 입법목적의 정당성은 인정된다.

(2) 그러나 이러한 입법목적 달성을 위하여 "음주전후" 또는 "숙취해소"라는 표시 자체를 금지하는 것은 헌법상 과잉금지의 원칙에 위배된다.

가) "음주전후" "숙취해소"라는 표시는 이를 금지할 만큼 음주를 조장하는 내용이라고 볼 수 없다.

음주의 여부 및 그 정도는 개인의 음주에 대한 선호도, 경제적 여건, 분위기 등 여러 가지 사정에 따라 결정되는 것이고, 숙취해소용 식품은 음주의 기회에 주취 완화 내지 숙취해소의 효과를 기대하여 섭취하거나 음용하는 것이므로, 식품 등에 이러한 표시가 있다고 하여 그것이 음주를 조장하는 작용을 하거나 기능을 한다고 보기 어렵기 때문이다.

나) 이 사건 규정의 근거법률인 구 식품위생법 제10조 제1항은 '국민보건상 특히 필요하다고 인정하는 때'에 식품 등의 표시기준을 정함으로써 일정하게 이를 제한할 수 있도록 하고 있는데, 이 사건 규정은 "음주전후" 또는 "숙취해소"라는 표시를 일체 금지함으로써 국민 건강 보호라는 입법목적 달성에 필요한 범위를 넘어 지나치게 과잉규제를 가하는 것이다.

식품에 숙취해소 작용이 있음에도 불구하고 이러한 표시를 금지하면 숙취해소용 식품에 관한 정확한 정보 및 제품의 제공을 차단함으로써 숙취해소의 기회를 국민으로부터 박탈하게 된다. 이는 오히려 국민보건에 역행하는 결과를 초래함으로써 '국민보건의 증진'이라는 식품위생법의 입법목적(제1조) 및 '소비자에게 정확한 정보를 제공함'을 목적의 하나로 명시하고 있는 식품 등의 표시기준 스스로의 목적(제1조)에도 위배된다.

숙취해소용이라는 뜻의 표시를 금지하는 것은 나아가 보다 나은 숙취해소용 식품을 개발하기 위한 연구와 시도를 차단하는 결과를 초래한다. 숙취해소용이라는 표시를 할 수 있는지 여부는 그러한 식품의 판매에 직접적이고 심대한 영향을 미치는 사항으로서, 그러한 표시를 할 수 없다면 기업가·발명가로서는 숙취해소용 식품을 발명·개발할 동기를 찾을 수 없게 된다.

다만, 숙취해소용 식품을 과신한 나머지 과음을 하게 되는 부작용이 발생할 수도 있다. 그러나 이러한 문제는 본질적으로 소비자의 건전한 판단과 책임에 맡길 일이지, 국가가 여기에까지 직접 개입하는 것은 적절하지 아니하다. 국가로서는 숙취해소용 식품을 과신하여 과음하면 건강을 해친다는 내용의 경고 문구를 숙취해소용 식품임을 나타내는 표시를 일체 금지하는 것은 교각살우의 과잉제한이라고 아니할 수 없다.

식품의약품안전청장은 "숙취해소"라는 표시가 의약품과 혼동할 우려가 있는 표시·광고에 해당하므로 규제할 필요가 있다는 취지로 주장한다. 그러나 의약품혼동 표시·광고규제에 관한 식품위생법 제11조 및 같은 법 시행규칙 제6조 제1항 제2호의 규정은 식품·식품첨가물에 대하여 "질병의 치료에 효능이 있다는 내용 또는 의약품과 혼동할 우려가 있는 표시·광고"를 금지함으로써 식품으로 인한 위해를 방지하여 국민보건의 증진에 이바지함을 그 목적으로 하는 것으로서, 식품·식품첨가물에 대하여 마치 특정 질병의 치료·예방 등을 직접적이고 주된 목적으로 하는 것인 양 표시·광고하여 소비자로 하여금 의약품으로 혼동·오인하게 하는 표시·광고만을 규제하고 있는 것으로 한정적으로 풀이하여야 할 것인바(헌재 2000. 3. 30. 97헌마108 참조), "숙취해소"라는 표시는 특정질병의 치료·예방 등을 직접적이고 주된 목적으로 하는 표시·광고가 아니므로 의약품과 혼동할 우려가 있는 표시·광고에 해당한다고 볼 수는 없다. 이는 설사 식품의약품안전청장의 주장대로 숙취해소라는 것에 다소 약리적 작용으로서의 성질이 있다고 하여 달라지는 것이 아니다.

다) 따라서 이 사건 규정은 기본권제한입법이 갖추어야 할 피해의 최소성, 법익균형성 등의 요건을 갖추지 못한 것이어서 숙취해소용 식품의 제조·판매에 관한 영업의 자유 및 광고 표현의 자유를 과잉금지원에 위반하여 침해하는 것이라고 하지 아니 할 수 없다.

(3) 특히 이 사건과 같이 이미 숙취해소용으로 특허를 받은 제품의 경우에는 특허권자의 헌법상 보장된 재산권인 특허권마저 침해하게 된다.

헌법 제22조 제2항은 발명가의 권리를 법률로써 보호하도록 하고, 이에 따라 특허법은 특허권자에게 업(業)으로서 그 특허발명을 실시할 권리를 독점적으로 부여하고 있다(특허법 제94조). 따라서 특허권자가 특허발명의 방법으로 생산한 물건을 판매하는 것은 특허권의 본질적 내용의 하나이다. 그런데 특허발명제품에 특허발명의 명칭이나 내용을 표시할 수 없다면 그 제품은 특허에 관한 설명력과 광고·유인효과를 전혀 가질 수 없어 특허 제품으로서의 기능과 효과를 제대로 발휘하지 못하게 되고, 이러한 결과는 업으로서의 특허실시권을 사실상 유명무실하게 하는 것이다. 그러므로 특허권가 그 특허발명의 방법에 의하여 생산한 물건에 발명의 명칭과 내용을 표시하는 것은 특허실시권에 내재된 요소이며 그러한 표시를 제한하는 것은 곧 특허권에 대한 제한이라고 보아야 할 것이다.

이 사건에 있어서 청구인들이 제181168호로 특허등록한 발명의 명칭은 "숙취해소용 천연차 및 그 제조방법"이다. 그럼에도 불구하고 이 사건 규정으로 인하여 특허권자인 청구인들조차 그 특허발명제품에 "숙취해소용 천연차"라는 표시를 하지 못하고 "천연차"라는 표시만 할 수밖에 없게 되었다. 이는 특허권자인 청구인들이 업으로서 특허발명을 실시할 권리, 구체적으로는 특허제품판매권을 제한하는 것이다. 그런데 이러한 제한은 앞서 본 바와 같이 헌법상의 과잉금지원칙에 어긋나는 것이므로 이로 인하여 청구인들의 헌법상 보호받는 재산권인 특허권도 침해되었다고 할 것이다.

4. 결 론

이 사건규정은 청구인들의 영업의 자유 및 상업광고 표현의 자유, 재산권(특허권)을 헌법 제 37조 제2항에 규정된 기본권제한입법의 넘어 침해한 것으로서 헌법에 위반되므로 관여재판관 전원의 일치된 의견으로 주문과 같이 결정한다.

- ・재판관 : 김용준(재판장), 김문희, 정경식, 고중석(주심), 신창언, 이영모, 한 대현,
  하경철, 김영일

▶ 본 헌법재판소 결정은 사법시험에 2회 이상 출제된 중요한 판례입니다.

● **저 자**

남종현

주식회사 그래미 회장
제43회 발명의 날 금탑산업훈장 수훈
세계 10대 발명전 그랑프리 수상 외 다수
명예 보건학 박사, 명예 경영학 박사

윤상원

사단법인 한국발명교육학회 회장
영동대학교 발명특허학과 교수
공학박사, 기술사

왕연중

전, 한국발명진흥회 이사
한국발명문화교육연구소 소장
세계 최다 발명도서 저술인 선정(105권)

신재경

미래산업과학고등학교 발명창작과 교사
서울시교육청 발명영재교육원 부원장
교육공학박사

발명도면 '덧그리기'로

돈 되는 특허 만들기

1판 1쇄 2013년 2월 15일
1판 2쇄 2018년 3월 15일

저 자 / 남종현 · 윤상원 · 왕연중 · 신재경

펴낸이 / 유 광 종
펴낸곳 / 한국이공학사
출판등록 / 제9-92호 1977.2.1.
　　　　임프린트 / 과학사랑
　　　　주　　소 / 경기도 화성시 병점로 77, C동506호
　　　　대표전화 / (031) 238-2062 팩스 (031) 238-2015
　　　　전자우편 / hankuk204@naver.com
ISBN / 978-89-7095-126-3 93500

값 25,000원

※ 과학사랑은 도서출판 한국이공학사의 교양서적 브랜드입니다.